插接法嫁接壮苗

苦瓜工厂化育苗

大棚秋冬茬苦瓜定植

苦瓜追肥

苦瓜棚架栽培

苦瓜网式栽培

苦瓜与黄瓜套种

苦瓜与茄子套种

苦瓜与芹菜套种

苦瓜结果期

苦瓜“戴帽”出土苗

苦瓜徒长苗

苦瓜苗寒害状

苦瓜苗药害状

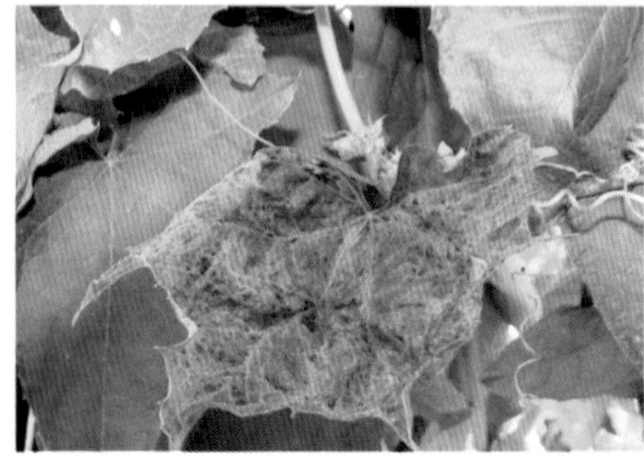

苦瓜病毒病危害状

苦瓜白粉病危害状

果蔬商品生产新技术丛书

提高苦瓜商品性栽培技术问答

主　编
段敬杰

编著者
韩灿功　张建军　魏国强　苏　寒
赵卫星　常高正　李　威　卢元厂

金盾出版社

内 容 提 要

本书以问答的形式对提高苦瓜商品性栽培技术做了系统的介绍。内容包括：苦瓜产业与苦瓜商品性，影响苦瓜商品性的关键因素，苦瓜品种选择、栽培环境、栽培模式、栽培技术、病虫草害防治、采收及采后处理、安全生产、标准化生产等与苦瓜商品性有关的内容。本书内容全面系统，文字通俗易懂，技术科学实用，适合广大菜农、基层农业技术推广人员学习使用，也可供农业院校相关专业师生阅读参考。

图书在版编目(CIP)数据

提高苦瓜商品性栽培技术问答/段敬杰主编；韩灿功等编著. -- 北京：金盾出版社，2013.7

(果蔬商品生产新技术丛书)

ISBN 978-7-5082-8209-1

Ⅰ.①提… Ⅱ.①段…②韩… Ⅲ.①苦瓜—蔬菜园艺—问题解答 Ⅳ.①S642.5-44

中国版本图书馆 CIP 数据核字(2013)第 047195 号

金盾出版社出版、总发行

北京太平路 5 号(地铁万寿路站往南)

邮政编码：100036 电话：68214039 83219215

传真：68276683 网址：www.jdcbs.cn

封面印刷：北京印刷一厂

彩页正文印刷：北京燕华印刷厂

装订：北京燕华印刷厂

各地新华书店经销

开本：850×1168 1/32 印张：5.875 彩页：4 字数：135 千字

2013 年 7 月第 1 版第 1 次印刷

印数：1～7 000 册 定价：13.00 元

目 录

一、苦瓜产业与苦瓜商品性

1. 苦瓜栽培历史及营养保健作用是什么?

苦瓜属于葫芦科苦瓜属1年生蔓生攀缘植物,原产于亚洲热带地区。我国栽培历史约有600年,东南亚地区及日本、印度栽培历史较久。17世纪传入欧洲,现广泛分布于热带、亚热带和温带地区。果实表面呈瘤皱状,果实内含有苦瓜苷,具有一种特殊的苦味而得名。苦瓜在不同地区还被称为癞瓜、凉瓜、癞葡萄、锦荔枝、红姑娘、君子菜等。

苦瓜以嫩瓜为主要食用器官,食用方法有做汤、炒食、泡菜,制成苦瓜汁、苦瓜茶、苦瓜酒饮料等。苦瓜的营养价值较高,据分析,每100克鲜果肉中含维生素A 0.8毫克、维生素B_1 0.7毫克、维生素B_2 0.4毫克、维生素C 840毫克、蛋白质9毫克、脂肪2毫克、碳水化合物32毫克、热量750千焦,还含有大量的矿物质营养元素钙、磷、铁等。中医认为:苦瓜性寒、味苦,入心、脾、胃经。嫩瓜能清暑明目、除热解毒;成熟瓜能益气养血、补肾健脾、滋肝明目;可用于防治热病烦渴、中暑、肠炎、痢疾、火眼赤痛、热毒疮疖等。现代医学认为:苦瓜具有预防坏血病、保护细胞膜、防止动脉粥样硬化、提高机体应激能力、保护心脏等作用,还有抑制正常细胞癌变和促进突变细胞复原的抗癌作用。苦瓜中的苦瓜素能使人体摄取脂肪和多糖减少,具有减肥功效;苦瓜皂苷,具有降血糖、降血脂、抗肿瘤、预防骨质疏松、调节内分泌、抗氧化、抗菌及提高人体免疫力等功能。美国科学家从苦瓜中提炼出一种生理活性物质——奎宁精，用于人体皮肤的新生和创伤愈合，已经应用于临床。

2. 我国苦瓜生产现状如何？存在哪些问题？

目前我国苦瓜生产从种植区域来讲，南方栽培面积较大，北方栽培面积较小；从种植方式来讲，以传统的种植方式为主，规模化、集约化种植面积较小；从栽培季节来讲，北方多进行春夏露地及保护地栽培，南方多进行春、夏、秋季露地栽培。露地栽培苦瓜的上市期多集中在夏秋季，冬春季苦瓜上市量少，缺口大；保护地苦瓜越冬茬、早春茬、秋冬茬栽培，产品售价高，效益好。加工方式主要有制作泡菜、渍菜或脱水加工，还有生产苦瓜汁、苦瓜茶、苦瓜酒和医用苦瓜素等。

我国苦瓜生产存在的主要问题是种植规模小，管理粗放，产品商品性低，高效栽培技术研究成果欠缺；加工产品档次较低，生产规模较小，高附加值保健产品和医药产品开发力度小，出口创汇份额少等。

3. 无公害苦瓜、绿色苦瓜和有机苦瓜的概念和区别是什么？

无公害苦瓜是指苦瓜产品中有害物质（如农药残留、重金属、亚硝酸盐等）的含量，控制在国家规定的允许范围内，食用后对人体健康不造成危害的苦瓜。

绿色苦瓜是指遵循可持续发展的原则，在产地生态环境良好的前提下，按照特定的质量标准体系生产，并经专门机构认定，允许使用绿色食品标志的、无污染的、安全优质苦瓜。绿色苦瓜分为A级和AA级两种。其中A级绿色苦瓜生产中允许限量使用化学合成生产资料;AA 级绿色苦瓜则较为严格地要求在生产过程中不使用化学合成的肥料、农药和其他有害于环境和健康的物质。

有机苦瓜是指在整个生产过程中,必须严格遵循有机食品的生产技术标准,即生产过程中完全不使用农药、化肥、植物生长调节剂等化学物质,不使用转基因工程技术,同时还必须经过独立的有机食品认证机构全过程的质量控制和审查的苦瓜产品。

三者之间的区别是:无公害苦瓜是对苦瓜产品的基本要求,普通商品苦瓜都应达到这一要求;绿色苦瓜是从无公害向有机食品发展的一种过渡性产品。有机苦瓜是产品的最高级别,在生产、加工和销售全过程中,实行严格的质量控制和审查,以确保苦瓜产品达到无污染、富营养和高质量的标准。

4. 何为苦瓜商品性生产?

苦瓜商品性生产是指在经济日益发展的形势下,为满足不同市场对苦瓜的需求,以追求提高苦瓜产量和商品性状为生产目的的一种生产趋势。商品性生产的特点是生产和经营集约化、区域化、专业化、社会化水平和商品化程度较高、苦瓜商品量大、商品率高。

5. 苦瓜商品性的构成因素有哪些?

(1)外部商品性状要求　瓜条顺直,粗细均匀,瓤少肉厚,大小适中,瓜皮光亮,瘤状突起符合品种特征,色泽纯正。

(2)内在营养品质要求　肉质脆嫩,微苦清香,富含人体必需的维生素及矿物质营养元素,产品无污染。

6. 提高苦瓜商品性的意义是什么？

提高苦瓜的商品性，对于生产者来说，可以大大提高苦瓜的商品价值，从而获得较高的种植效益，增加经济收入。对于消费者来说，可以吃到安全、优质、营养、保健的苦瓜产品，有利于身体健康。提高苦瓜商品性还可极大地促进我国苦瓜产品出口创汇产业发展。

二、影响苦瓜商品性的关键因素

1. 影响苦瓜商品性的关键因素有哪些?

(1)品种特性　苦瓜的外部商品性状、内部营养品质及产量性状,均与品种的遗传基础即品种特性密切相关。例如,瓜条外形,瓜肉薄厚,瓜的大小,瓜皮表面瘤状突起及色泽等外部性状和内在营养品质性状,因品种不同而异。

(2)栽培环境　在水分、营养(肥料)、光照、气体调控等栽培环境良好的条件下,苦瓜生长健壮,结出的瓜肥嫩光滑,个大肉厚,瓜条顺直,色泽纯正,营养丰富。否则,苦瓜商品性降低。

(3)栽培技术　苦瓜栽培区域、栽培模式、田间管理、病虫害防治、采收贮运等栽培技术是优良品种发挥潜在优势的保障,直接影响苦瓜的商品性。例如,及时搭架引蔓与植株调控,保证合理的叶面积,提高光合效率,可使植株的光合产物有效地输送到果实中,促进果实快速膨大和良好发育,提高商品率。按照绿色蔬菜生产技术规程要求进行施肥和用药,可减少亚硝酸盐和农药等有毒有害物质在苦瓜中的残留,有效提高苦瓜的品质。

2. 苦瓜的栽培方式有哪些? 栽培方式与苦瓜商品性的关系如何?

苦瓜的栽培方式很多,依栽培季节可分为春夏栽培、夏秋栽培、秋冬栽培等;依有无设施条件可分为露地栽培和保护地栽培;

依设施条件可分为地膜覆盖栽培、小拱棚栽培、塑料大棚栽培和日光温室栽培；以栽培条件分为嫁接栽培、无土栽培、网架栽培、棚架栽培、平架栽培、人字架栽培等。

苦瓜的商品性与其栽培方式有密切的关系。例如，春夏季的气候因素有利于苦瓜结瓜期的生长发育，因此春夏季栽培苦瓜比秋冬季或冬春保护地栽培的苦瓜产品硕大光亮，而且营养物质多；嫁接栽培不如自根栽培苦瓜产品的品质和风味好；苦瓜无土栽培比传统栽培时对营养物质的吸收均衡，避免了盲目施肥造成有害物质在产品中的积累，从而提高了苦瓜的品质与档次。

3. 栽培环境与苦瓜商品性的关系如何？

苦瓜的栽培环境主要包括温度、光照、水分、矿物质营养等。营造适宜的栽培环境，是提高苦瓜商品性的重要措施。例如，棚室栽培苦瓜棚温控制在25℃～30℃，有利于苦瓜的生长和商品性的提高；适当延长棚室的光照时间和提高棚膜的透光率，满足苦瓜对光照的需求，也有利于苦瓜商品性的提高；露地栽培苦瓜保证水分和肥料的均衡供应，有利于苦瓜植株健壮生长和果实迅速膨大，可提高苦瓜的商品性。

4. 安全生产与苦瓜商品性的关系如何？

农产品安全生产是指在农产品生产过程中，生产者所采取的一切农事操作，应符合法律、法规要求和国家或相关行业标准，以保证农产品质量的安全、生产者的安全、生产环境的安全及消费者的安全。安全生产是保证苦瓜商品性的重要措施之一，是生产绿色苦瓜产品的重要保证。生产中苦瓜外部性状及营养品质再高，农药或有害物质（如亚硝酸盐）污染超标，便失去了商品价值。因此，安全生产是保证苦瓜商品性的重要因素。

5. 标准化生产与苦瓜商品性的关系如何？

苦瓜标准化生产是指以先进的科技成果和生产实践为基础，依据国家制定的有关无公害食品或绿色食品的质量标准和法规，科学运用“统一、简化、协调、优选”的标准化原则，对苦瓜生产的产前、产中、产后加工及经营销售等环节，实施全程质量监控，确保苦瓜产品安全优质，以实现经济、生态、社会效益的最大化。由此可见，按照标准化生产，可有效提高苦瓜的商品性。

6. 目标市场与苦瓜商品性的关系如何？

所谓目标市场，是指企业（生产者）在市场细化之后的若干“子市场”中，所运用的企业营销活动之“矢”而瞄准的市场方向之“的”的优选过程。例如，苦瓜生产者根据市场行情分析，近年来人们越来越喜欢吃苦瓜，消费人群在逐渐扩大。但是，人们对苦瓜消费嗜好不同，有的地方喜欢吃白皮苦瓜，有的地方喜欢吃青皮苦瓜；有的人喜欢光皮苦瓜（油瓜）品种，有的人喜欢刺瘤多苦瓜（麻瓜）品种。因此，生产者应根据目标市场选择该地方嗜好的苦瓜品种。也就是说，喜欢吃白皮苦瓜的地方认为白皮苦瓜好，其商品性好；反之，在嗜好青皮苦瓜的地方则青皮苦瓜商品性好，这就是各地的饮食文化的差异。因此，目标市场与苦瓜商品性有密切的关系，某一苦瓜品种的商品性在不同的目标市场，表现出不同的商品品位。

7. 食用方式与苦瓜商品性的关系如何？

苦瓜的食用方式很多，以炒食和凉拌为主。就苦瓜类型而言，白皮苦瓜和青皮苦瓜均适合炒食，而凉拌生食时尤以青皮苦瓜为佳，色味俱全。另外，做汤、做泡菜、制苦瓜汁、苦瓜茶及苦瓜酒饮料等不同的食用方式对产品商品性状的要求也不尽相同，同一品种可表现出不同的商品性。

8. 栽培条件与苦瓜商品性的关系如何？

苦瓜栽培条件主要包括土壤条件、肥水条件、栽培密度和管理技术等。土壤是苦瓜赖以生存的基本条件，土壤肥力的高低及土壤环境的优劣，对苦瓜的生长发育及其商品性有较大影响。结构良好、保肥保水能力强的土壤栽培苦瓜，有利于苦瓜的良好发育和商品性的提高；肥水是苦瓜生长发育的物质基础，充足的肥水条件是提高苦瓜商品性的有效保证；合理的栽培密度能使苦瓜最大限度地利用光能，发挥群体与个体增产潜力，提高群体商品率；管理技术是各项生产技术在田间的具体体现，如育苗移栽、查苗补种、中耕除草、追肥浇水、整枝绑蔓、棚室管理、防病治虫等，贯穿于苦瓜整个生产过程之中。田间管理技术的好坏，是关系到苦瓜增产增收、商品性高低的重要措施。因此，苦瓜栽培条件的改善和优化，能促进苦瓜的生长和发育，是提高苦瓜商品性的重要保证。

三、苦瓜品种选择与苦瓜商品性

1. 苦瓜品种类型有哪些？

我国栽培的苦瓜品种类型较多，根据瓜皮色泽可分为绿皮苦瓜、绿白皮苦瓜和白皮苦瓜；根据苦瓜成熟期分为早熟品种、中熟品种和晚熟品种；根据苦瓜的形状可分为长棒形、纺锤形和圆锥形品种；根据栽培季节可分为冬春茬苦瓜品种和夏秋茬苦瓜品种。

2. 苦瓜种子质量的国家标准是什么？

按照国家标准，苦瓜种子可分为亲本、杂交种和常规种3类。每一类又分为不同的级别，不同级别的种子质量要求也不一样。具体说，种子级别分为原种和良种，原种是用于繁殖生产用种的材料，良种即生产用种，分一级良种和二级良种。苦瓜种子质量的国家标准如下：①苦瓜亲本原种的纯度、净度、发芽率和水分，应分别达到99.5%、99.9%、95%和8%；良种的纯度、净度、发芽率和水分，应分别达到99%、99.5%、90%和8%。②苦瓜杂交种一级良种的纯度、净度、发芽率和水分，应分别达到98%、99.5%、90%和8.5%；二级良种的纯度、净度、发芽率和水分，应分别达到95%、99.5%、85%和8.5%。③苦瓜常规种原种的纯度、净度、发芽率和水分，应分别达到99%、99.5%、90%和8.5%；良种的纯度、净度、发芽率和水分，应分别达到95%、99.5%、85%和8.5%。

3. 适合露地栽培的苦瓜品种有哪些？

（1）大顶苦瓜　广东省广州市地方品种。植株攀缘生长，分枝力强，叶掌状5～7深裂。单性花，雌雄同株，主蔓8～14叶节着生第一朵雌花，此后每隔3～6叶节着生1朵雌花。瓜短圆锥形，长约20厘米，肩宽11厘米左右；外皮青绿色，具不规则的瘤状突起，瘤粒较粗；肉厚1.3厘米左右，苦味轻，品质优良。单瓜重250～600克。耐热、耐肥，适应性强，但不耐涝。春、夏、秋3季均可种植。每667米^{2}产量1 000～1 500千克，一般春季栽培产量最高。

（2）蓝山大白　湖南省蓝山县地方品种，是目前全国优良地方苦瓜品种之一。本品种特早熟，在湖南省4月份播种，55天后可开始采收上市。果实长圆筒形，洁白而有光泽，表面有大而密的瘤状突起，瓜长50～90厘米、横径8～12厘米，单瓜重1 000～2 000克。采收期5月下旬至10月中旬，每667米^{2}产量4 000千克左右。耐热，喜肥，喜湿，忌涝，抗病能力强。适于春、夏季露地栽培。

（3）春早1号　湖北省咸宁市蔬菜科技中心最新选育的苦瓜一代杂交种。该品种具有生长健壮，抗性强，早熟高产，瓜大色白、肉厚、品质好、耐运输、适应性广等特点。12节左右结瓜，瓜长38～40厘米、横径7～8厘米，单瓜重450～500克。瓜皮白色，瘤状长条形。适合于长江流域春夏栽培。

（4）国峰806　由国外引进亲本杂交育成。该品种具有早熟、耐热、耐涝、抗病、丰产和种植简单、容易管理等特点。瓜呈长圆棒形，瓜皮绿色，刺瘤多，瓜长40厘米左右、横径5厘米左右，单瓜重200克左右。味微苦甘甜，口感好，营养丰富，品质佳，商品性好。适于春、夏露地栽培。

（5）绿宝石　广东省农业科学院蔬菜研究所育成的早熟杂交一代品种。植株生长势强，抗病性好，主、侧蔓结瓜，结瓜多，早熟。

瓜呈长圆锥形,瓜长约28厘米、横径约6厘米、肉厚1厘米以上,单瓜重300～400克,苦味适中,裂瓜少。商品瓜外形美观,皮浅绿色、有光泽、瘤条粗直,品质优良。每667米^{2}产量4 000千克左右,适于南方春秋露地或保护地栽培。

(6)春丰50 广西大学农学院育成的中早熟绿皮苦瓜品种。植株生长健壮,茎粗叶厚,叶色浓绿,主蔓雌花较多,结瓜较多。春季栽培主蔓14节以上着生第一雌花,播种至始收商品瓜65～70天,全生育期120～130天。秋季栽培主蔓12节以上着生第一雌花,播种至始收商品瓜45～50天,全生育期90～100天。果实粗圆棒形,瓜长约26.3厘米、横径约6.5厘米,大直瘤,皮色翠绿油亮,单瓜重500～900克,每667米^{2}产量3 500千克左右。适于南北方各地春夏或秋季栽培。

(7)川苦6号 四川省农业科学院水稻高粱研究所育成。植株生长势旺盛,叶片大、深绿色,蔓粗壮,分枝能力强。主、侧蔓雌花多,可连续结瓜。主蔓第一雌花着生在10～13节,以后2～3节着生一雌花。商品瓜短圆柱形,绿色,表皮光滑,瘤大,瓜长25～35厘米、横径5～7厘米,瓜肉厚可达1.2厘米。肉质脆嫩,苦味适中,商品性好。单瓜重400～600克,每667米^{2}产量4 000千克左右,适宜在川、渝及云、贵等地春季露地种植。

(8)春泰苦瓜 湖南省长沙市蔬菜研究所育成。植株蔓生,生长势强,早熟,主蔓7～9节着生第一雌花,雌花节率高,连续坐瓜能力强。果实长棒形,瓜皮绿色,瓜长约32厘米、横径约6.7厘米,瓜肉厚约1.1厘米,具有突状瘤,肉质脆嫩,苦味中等,风味佳,商品性好。抗病性强,单瓜重300克左右,每667米^{2}产量4 000千克左右。适宜于湘、川、云、贵、桂等地早春露地种植。

(9)碧玉苦瓜 福建省闽南蔬菜科学研究所育成。植株生长势强,分枝多,中熟偏早,茎基部11～16节始见雌花,主、侧蔓均可结瓜,稀植以侧蔓结瓜为主。春季栽培播后80～90天始收,夏秋季栽培播后47～55天始收。瓜条圆筒形、丰满美丽，刺瘤无规则、圆正突出，皮色绿白光亮，瓜长25～35厘米、横径6～10厘米，瓜肉厚1～1.5厘米，单瓜重500～1000克，苦味适中，适于加工苦瓜茶。每667米^{2}产量3000～4000千克。货架期长，是苦瓜商品基地外运品种。适于南方地区春夏或秋季露地栽培。

(10)绿人苦瓜　台湾农友种苗公司育成的绿皮杂交一代苦瓜品种。植株生长势强健，成熟早，结瓜多。果实呈长纺锤形，瓜面平滑，呈肋条状突起，皮淡绿色，有光泽。瓜长约30厘米、横径约8厘米，单瓜重500克左右。瓜肉绿色，苦味适中，适于炒食和凉拌生食，风味佳，是出口东南亚地区的首选苦瓜品种。南方地区可春夏栽培，北方地区适于春夏及保护地栽培。

(11)槟城苦瓜　广东省从新加坡引进。植株生长势强，蔓生，分枝多。主蔓10节着生第一雌花，以后每隔3～5节着生一雌花。瓜长约30厘米、横径约8厘米，瓜面有明显棱及瘤状突起，瓜皮绿色、油亮有光泽。瓜肉质地细实，微苦。植株抗逆性强，耐热，适应性强，全国各地均可栽培。每667米^{2}产量5000千克以上，最高可达10000千克。适于早春和夏秋露地栽培。

(12)泰国绿龙疙瘩　泰国种子公司针对中国市场研制的杂交苦瓜品种。该品种早熟，抗病、抗寒性强，种植简单，容易管理。瓜皮碧绿色，瓜条刺瘤丰满匀称，圆润无尖，油亮、光泽度好，果实棒状顺直，尾部钝圆，瓜长40厘米左右、横径5～6厘米，肉厚，瓜腔小，单瓜重500克左右，产量高。精品瓜多，耐运输，是国内外蔬菜客商最青睐的硬度适宜的品种。

(13)早绿苦瓜　广东省农业科学院蔬菜研究所育成。属早熟杂交一代新组合，播种至初收，春栽约58天，秋栽约44天，延续采收期春季约35天，秋季约41天。植株生长旺盛，叶片绿色，分枝力及单株结瓜力较强。瓜长圆锥形，外形美观，商品率高，瓜长24～27厘米、横径5.5～5.7厘米，瓜肉厚1厘米左右，单瓜重约

300 克,皮色浅绿,有光泽,条瘤光滑顺直,苦味适中,肉质脆嫩,纤维少。中抗枯萎病和白粉病,田间表现轻感霜霉病、炭疽病和疫病。耐热性、耐寒性、耐涝性均较强。

(14)曼谷青皮苦瓜　江苏东方正大种子有限公司育成的杂交一代苦瓜品种。耐热耐湿,早熟丰产,抗病力和结瓜力强。植株蔓生,生长势旺,茎蔓粗壮,分枝力强,主、侧蔓均可结瓜。掌状叶,深绿色,主蔓第一雌花着生在 7～9 节,中部侧蔓 3～4 节开始着生雌花,以后主、侧蔓每隔 4～5 节,可出现 1 朵雌花或连续 2 节出现雌花。瓜呈长纺锤形,皮色淡绿,油亮,光泽度好。瓜长 30～50 厘米、横径 7～10 厘米,肉厚 1 厘米左右,单瓜重 500～750 克。播种至初收,春播为 60～65 天,夏播为 50～55 天。

(15)大肉 2 号　广西壮族自治区农业科学院蔬菜研究中心育成。属高产苦瓜品种,生长势强,植株蔓生,分枝性强,主、侧蔓均可结瓜,掌状叶,深绿色,主蔓 15～17 节着生第一雌花。商品瓜长圆棒形,大直瘤,外观光滑油亮,皮色浅绿,瓜长 35～37 厘米、横径 7～9 厘米,瓜肉厚 1.1～1.3 厘米,单瓜重 500～750 克,最大可达 1 000克。肉质甘脆,味微苦,品质上乘。该品种田间种植表现抗病抗逆性强、耐热,但耐涝能力稍差。一般每 667 米^2 产量达 3 400 千克,适于南方和中原地区春季或夏秋季栽培。

(16)大肉 3 号　广西壮族自治区农业科学院蔬菜研究中心育成的高产苦瓜品种。植株生长势强,蔓生,分枝性强,主、侧蔓均可结瓜,掌状叶,深绿色,主蔓 13～15 节着生第一雌花,中部侧蔓3～4 节开始着生雌花,以后主、侧蔓约隔 9 节现一雌花或连续 2 节现雌花。商品瓜粗棒形,皮绿色,大直瘤,瓜长 27 厘米左右、横径 9 厘米左右,瓜肉厚 1.3 厘米左右,单瓜重 500 克左右。肉质致密,味甘脆微苦,品质好。该品种田间种植表现抗逆性好,但耐涝能力稍差。每 667 米^2 产量 2 500～3 500 千克,适于南北方地区春、夏、秋季露地栽培。

(17)秋月苦瓜 四川省农业科学院园艺研究所选育,特早熟、高产新品种。植株生长势旺盛,蔓生,分枝性强,主、侧蔓均可结瓜。叶掌状,绿色,花黄色,主蔓第一雌花着生在6～8节,中部侧蔓2～3节开始着生雌花,以后主蔓连续出现5～6朵雌花。商品瓜长直棒形,瓜长约38厘米、横径约5.5厘米,瓜肉厚约1厘米,单瓜重400～600克。瓜皮草白色,瘤状物呈圆点突出,表面油亮光滑,肉质脆嫩,味苦,品质好,耐白粉病。

(18)绿箭 四川省农业科学院园艺研究所育成,属早熟高产品种。植株生长势旺盛,蔓生,分枝性强,主、侧蔓均可结瓜。叶掌状、浅裂、绿色,主蔓第一雌花着生在7～9节,中部侧蔓2～3节开始着生雌花,以后主、侧蔓每隔2～3节出现1朵雌花,或连续2节出现1朵雌花。商品瓜呈长棒形,瓜长30～40厘米、横径5～7厘米,瓜肉厚1～1.3厘米,单瓜重500～700克。皮色绿色,光滑,发亮,粗平条形瘤,肉质脆嫩,味微苦,品质好。每667米^{2}产量3000千克左右,田间表现较同类品种抗逆性强,较抗白粉病、枯萎病。耐高温、抗干旱能力强。适于南方春秋季种植。

(19)翠玉 福建省农业科学院良种研究中心育成。植株生长旺盛,蔓生,分枝性强,主、侧蔓均可结瓜。叶掌状,深绿色。中早熟,播种至始收期59天。主蔓第一雌花着生在12节左右,中部侧蔓2～3节开始着生雌花,以后主、侧蔓每隔3～4节出现1朵雌花,或连续2节出现1朵雌花。商品瓜长棒形,瓜长30～38厘米、横径10～11厘米,瓜肉厚1～1.2厘米,单瓜重400～650克。瓜皮深墨绿色,大刺瘤突出,肉质脆嫩,味微苦,品质好。抗白粉病、枯萎病。耐高温、抗旱能力强。一般每667米^{2}产量2500～3500千克。适宜于四川省苦瓜主产区春秋季种植。

(20)如玉5号 福建省农业科学院良种研究中心育成。该品种植株生长势强,分枝力旺盛。主蔓第一雌花着生于12节左右,从开花至商品瓜成熟15～18天,商品瓜呈平蒂棒状,尾部稍尖;瓜长29～35厘米、横径约6厘米,肉厚约1.1厘米。瓜皮深绿色,瓜面纵条间圆瘤,单瓜重500克左右,肉质脆嫩,苦味中等,回味甘甜。经福建省农业科学院植保所田间调查,未发现枯萎病。一般每667米^{2}产量3 000千克左右,适于南方地区春秋两季种植。

(21)金船玉翠　广东省汕头市金韩种业有限公司育成的优良苦瓜品种。该品种早中熟,植株生长旺盛,抗病力强,耐热又耐寒,适应性广,栽培容易,分枝力强,需稀植。瓜长约35厘米、横径约10厘米,瓜身中部稍宽,瓜皮翠绿色、具光泽,单瓜重600～1 000克,肉厚约1.5厘米,肉质细脆,口感风味均佳,适合做沙拉或炒食、炖汤。适于南方春秋两季种植。

(22)英引苦瓜　广州市蔬菜科学研究所引进。该品种植株生长旺盛,分枝多,以侧蔓结瓜为主。瓜长25～30厘米、横径5～8厘米,瓜皮黄绿色,肉瘤粗直,肉厚1.2～1.5厘米。单瓜重400克左右。中熟,播种至初收65～75天,可延续采收40～60天。耐热、耐雨水,抗逆性强,适于夏、秋种植。肉质嫩滑,微苦,品质优。每667米^{2}产量3 000～4 000千克。

(23)夏丰苦瓜　广东省农业科学院经济作物研究所育成。植株生长势中等,分枝少。第一雌花节位低,雌花多,可连续结瓜。瓜中圆筒形,浅绿色,肉厚。在广东省全生育期春季130～150天、夏秋季80～90天。早熟,前期产量高。对白粉病、细菌性枯萎病抗性中等,耐寒、耐热能力较强。一般每667米^{2}产量2 000～3 000千克。

(24)株洲长白苦瓜　属中熟丰产型品种。植株生长旺盛,分枝能力强。主、侧蔓均可结瓜。主蔓第一雌花着生在10～12节,以后每隔3～4节着生一雌花。瓜呈长条形,草白色,瓜长约60厘米、横径约6厘米,单瓜重600～1 000克,肉质脆韧,清凉略苦。耐热,喜肥,喜湿。湖南省长沙地区播种至始收75～80天,全生育期180天。中抗枯萎病,抗高温多雨天气。一般每667米^{2}产量

4 000 千克。可作春季或夏秋季栽培。

(25)扬子洲苦瓜　扬子洲苦瓜又称大纹苦瓜,是江西省南昌市地方品种。植株蔓生,分枝力强,叶掌状深裂。中熟,主蔓20节着生第一雌花。瓜长棒形,外皮绿白色,具大而稀疏的瘤状突起。瓜长50～60厘米、横径7～9厘米,肉厚1.3～2厘米,质地脆嫩,苦味淡,品质优良。单瓜重750克,每667米^{2}产量2 000～2 500千克。耐热、耐旱,抗病性中等,适于春、夏和秋季栽培。

(26)绿王苦瓜　广东省农科集团良种苗木中心选育的早熟杂交一代苦瓜新品种。第一雌花着生在主蔓10～12节,播种至初收85天左右,瓜长28～32厘米、横径6～7.5厘米,单瓜重400～600克。瓜长圆锥形,皮色深绿有光泽,条瘤粗直,肉脆,苦味适中,丰产、稳产,是目前油绿型出口苦瓜的畅销品种。

(27)绿苦瓜915　中国农业科学院蔬菜花卉研究所育成的苦瓜新品种。该品种植株生长旺盛,主、侧蔓均能结瓜,结瓜性能好。瓜呈圆筒形,顶端尖,瓜色鲜绿,瓜面有棱瘤突起。商品瓜长25～28厘米、横径6～7厘米,肉厚1～2厘米,单瓜重250～300克。肉质致密、脆嫩、微苦,高产、抗病、耐干旱,每667米^{2}产量4 000千克以上,全国各地均可在春秋季种植。

(28)特选早熟大白苦瓜　湖南省衡阳市蔬菜研究所育成的一代杂交苦瓜品种,为国内最早熟的苦瓜品种之一。植株生长势和分枝力强,叶大,掌状深裂,浓绿色。瓜长圆筒形,瓜条长40～50厘米、横径7～8厘米,外皮白绿色,有不规则细密的瘤状突起,肉较厚,种子少。苦味中等,单瓜重700～1 000克。耐热耐湿,抗病丰产。每667米^{2}产量3 500～4 200千克。适于早熟栽培,可搭平棚架或篱架,行距150厘米,株距45～50厘米,以主蔓结瓜为主,或留少量侧蔓结瓜。

(29)湘丰1号　湖南省蔬菜研究所育成的极早熟苦瓜一代杂交种子。植株生长势和分枝力很强。主侧、蔓雌花多,结瓜能力强,可连续结瓜。主蔓在8～10节着生第一雌花。瓜长纺锤形,绿白色,瓜长35～40厘米、横径4.5～5.5厘米,单瓜重200～400克,肉质脆嫩,苦味适中。耐热,较耐寒,适于春季保护地或春露地早熟栽培,也可在夏秋季种植。中抗白粉病、枯萎病,较耐阴雨天气。露地早熟栽培,每667米^{2}产量2500千克左右;秋延后栽培,每667米^{2}产量4500千克左右。

(30)湘丰2号　湖南省蔬菜研究所育成的中熟丰产一代杂交苦瓜品种。植株生长势强,分枝多,主、侧蔓均可结瓜。主蔓第一朵雌花着生于10～12节。瓜粗长条形,浅绿白色,瓜长50厘米左右、横径7厘米左右,单瓜重600～1200克。肉质脆嫩,清凉略苦。耐热、耐肥、喜湿,中抗枯萎病,抗高温多雨天气。

(31)湘丰3号　湖南省蔬菜研究所育成的早熟苦瓜一代杂种。植株生长势和分枝力强。主、侧蔓均可结瓜。主蔓9～10节着生第一雌花。瓜粗长条形,绿白色,瓜长40～50厘米、横径约5厘米,单瓜重300～600克,肉质脆嫩,苦味适中。耐热,稍耐寒,适于春季露地早熟栽培,也可秋季种植。

(32)湘丰4号　湖南省蔬菜研究所育成的早熟苦瓜一代杂交组合。植株生长强健,主蔓结瓜多,可连续结瓜。主蔓7～9节着生第一雌花。瓜圆锥形,深绿色,瓜面粗条状突起,瘤大,外形美观。瓜长21～30厘米、横径8～10厘米,单瓜重300～500克,肉质脆嫩,苦味淡。耐热,稍耐寒,中抗白粉病、枯萎病,抗高温多雨。华南地区春、夏、秋季均可栽培。从播种至始收,春栽约75天,全生育期约130天;秋栽50天左右,全生育期约100天。

(33)湘丰5号　湖南省蔬菜研究所育成的早中熟苦瓜一代杂种。植株生长旺盛,分枝能力强。雌花多,可连续结瓜。主蔓8～10节着生第一雌花。瓜长圆筒形,油绿色,具条瘤。瓜长约35厘米、横径约6厘米,肉厚约1厘米,单瓜重400～500克。肉质脆嫩,苦味较淡。耐热,稍耐寒。中抗白粉病、枯萎病,耐高温多雨天气。

(34)丰绿苦瓜　广东省农业科学院蔬菜研究所最新培育的杂交一代苦瓜品种。中晚熟,耐热性强,较抗病虫害,适合夏秋季种植。在华南地区适播期为3~4月份和7~8月份。植株生长势和分枝力较强,侧蔓结瓜为主。果实硕大,近圆柱状,瓜皮浅绿色光泽好,瘤条粗,瓜条整齐匀称,商品性极好。瓜长30厘米左右、横径7~8厘米,单瓜重约500克,瓜肉丰厚致密,耐贮运,品质优。

4. 适合保护地栽培的苦瓜品种有哪些?

(1)月华苦瓜　引自我国台湾农友种苗公司。该品种较耐高温,植株生长强健,坐瓜力强,果实大、腰身较丰满,瓜长约26厘米、横径约8.5厘米,单瓜重600~700克,瓜肉厚,苦味适中,口感脆嫩,皮色白美,被誉为“白玉苦瓜”,深受广大消费者喜爱。适于北方地区日光温室或塑料大棚栽培。

(2)春帅苦瓜　湖南省蔬菜研究所育成的早熟苦瓜一代杂种。该品种植株蔓生,生长势中等,分枝力强,第一雌花着生在10~12节,播种至始收75天左右。果实长圆筒形,瓜皮白色,半突瘤;单瓜重400克左右,每667米^{2}产量3 400千克左右。对白粉病和疫病的抗性强,适宜长江流域早春露地和保护地栽培。

(3)湘丰1号　隆平高科股份有限公司湘园瓜果种苗分公司选育而成。属早熟丰产型一代杂种,为湘丰1号苦瓜换代品种。植株生长势强,主蔓第一雌花着生于5~7节,果实长圆筒形,浅绿白色,瓜长30~35厘米,单瓜重300~350克,瓜形美观。该品种耐低温、弱光性能突出,结瓜能力强,抗枯萎病、病毒病,较抗霜霉病和白粉病,适于春夏露地及保护地栽培。

(4)碧绿　广东省农业科学院蔬菜研究所选育而成。属强雌性早熟杂交一代组合,植株生长旺盛,分枝力较强。早熟,第一雌花节位为14节,果实长圆锥形,瓜皮绿色有光泽,瓜肩平,肉厚,瓜长约 26 厘米、横径约 6.3 厘米，条瘤粗直，单瓜重约 290 克。耐热、耐寒，耐涝性中等；耐炭疽病，抗白粉病中等。每 667 米^2 产量 3 500 千克左右。适于早春保护地或秋延后栽培。

(5)**大肉 1 号** 广西壮族自治区农业科学院蔬菜研究中心育成的早熟绿皮苦瓜品种。植株蔓生，生长势强，分枝多，主、侧蔓均可结瓜。叶掌状，深绿色，主蔓第一雌花着生在 7～8 节，中部侧蔓 2～3 节开始着生雌花，以后主、侧蔓均每隔 4～5 节出现一雌花或连续 2 节现雌花。商品瓜长圆筒形，瓜长 30～35 厘米、横径 10～13 厘米，瓜肉厚 1～1.5 厘米，单瓜重 500～750 克，最大达 1 000 克以上。瓜皮淡绿色，大直瘤，肉质疏松，味甘微苦，品质好。每 667 米^2 产量 2 500～3 500 千克。适于露地栽培或保护地栽培。

(6)**绿丰 1 号** 河南省高效农业发展研究中心育成的杂交一代组合。早熟、高产，中抗枯萎病。植株分枝力强，主、侧蔓均可结瓜，耐低温弱光，抗病、抗盐能力强，主蔓 10～14 节着生第一雌花。瓜呈纺锤形，瓜皮淡绿色，有纵条纹，纹间有凸瘤，瓜顶稍尖。瓜长 30～35 厘米、横径 8 厘米左右，单瓜重 400～500 克，一般每 667 米^2 产量 4 500 千克左右。适合春秋保护地种植。

(7)**湘早优 1 号** 湖南省衡阳市蔬菜研究所育成。植株蔓生，生长势强，极早熟，主蔓第一雌花着生在 6～8 节，主蔓雌花节率达 70%左右，连续坐瓜能力强，定植至始收 40 天左右，开花至始收 15～20 天。瓜直圆筒形，两端较平，瓜形匀称，皮绿白色、有光泽，瓜瘤突起粗长，单瓜重约 600 克，肉质地脆嫩，苦味适中，风味好。每 667 米^2 产量 4 200 千克左右，对白粉病、疫病、霜霉病的抗性较强，适宜长江流域及以南地区温室、大棚或露地早熟栽培。

(8)**中农大白苦瓜** 中国农业科学院蔬菜花卉研究所育成的苦瓜品种。植株生长势强，分枝性强，结瓜多。瓜长棒形，瓜长 50～60 厘米、横径 5 厘米左右，单瓜重 500 克左右，瓜皮淡绿白色，呈不规则的棱和瘤状突起。肉厚 1 厘米左右，肉质脆嫩，味微苦，品质佳。耐热抗病，适应性强。每667米^{2}产量4 000千克以上，适于南方地区春夏露地栽培和北方地区早春保护地栽培。

(9)东方青秀苦瓜　东方正大种子有限公司从泰国引进原种组配而成。植株生长势旺盛，以主蔓结瓜为主，早熟，耐热耐湿，抗逆性强，适应性广。瓜呈长棒形，瓜长30厘米左右、横径7～10厘米，单瓜重600克左右，瓜皮浅绿色，瘤条粗直并具有光泽，肉厚，品质优。每667米^{2}产量4 500～5 000千克。适于南方地区春夏露地栽培和北方地区早春保护地栽培。

(10)玛雅018　东方正大种子有限公司育成的适于山东寿光市场需要的杂交苦瓜品种。该品种果实棒状顺直，尾部钝圆，瓜皮嫩绿色，刺瘤多、密、圆润、无尖，油亮有光泽。瓜长35～40厘米、横径5～6厘米，肉厚，腔小，单瓜重500克以上，果实坚硬耐贮运。抗病性强，耐花叶病毒病和白粉病。定植后45天左右即可采收，后期不早衰，可持续采收6个月以上，每667米^{2}产量达7 500千克以上。该品种适于日光温室秋冬茬和冬春茬栽培。

(11)寿光长绿苦瓜　山东省寿光市菜农筛选的适于日光温室栽培的早中熟长棒形优质苦瓜品种。植株生长势和分枝力强，叶掌状5裂，主茎第一雌花节位着生于5～10节，以后连续2～3节或每隔3～4叶出现1朵雌花。瓜呈长筒形，瓜长70～80厘米、横径5.4～6.5厘米，外皮绿色，密布瘤状突起，肉厚0.8～1厘米，肉质脆嫩，味微苦，品质好。单瓜重450～750克。该品种耐热、耐肥、抗病性强，不早衰。采瓜期长达6～7个月，每667米^{2}产量可达10 000千克以上，适于华北地区日光温室早春茬、越冬茬和秋延后茬栽培。

(12)长身苦瓜　广东省地方品种。早熟，播种至商品瓜适收95天，华南地区一带采瓜期可达110天。植株主蔓长，节间短，分枝力强。第一雌花着生在16节以上，以后节节或隔节着生雌花。瓜呈长筒形，有纵沟纹或瘤状突起，瓜长约30厘米、横径5厘米左右，肉厚约0.8厘米，单瓜重250～600克。瓜皮绿色，肉质较硬，味甘苦，品质好，耐贮运。该品种较耐寒，耐瘠薄，抗逆性较强，适于日光温室越冬茬或秋冬茬栽培。

(13)北京白苦瓜　北京市地方品种。中早熟品种，耐热、耐寒，适应性强。植株生长势旺盛，分枝力强。果实呈长纺锤形，长30～40厘米，表皮有棱及不规则的瘤状突起，外皮白绿色，有光泽，肉较厚，肉质脆嫩，苦味适中，品质优良，一般单瓜重250～300克。适于春夏季、夏秋季及日光温室栽培。

(14)丰香　河南省高效农业发展研究中心育成的杂交一代组合，早中熟品种。茎蔓生，生长势强，节间短，分枝力强。主蔓8～14节着生第一雌花，以后每隔3～6节着生1朵雌花。瓜短圆锥形，瓜皮绿色，瓜长约20厘米，味甘苦，质优良。一般单瓜重300～500克。适于露地及保护地种植。

(15)碧秀　台湾农友种苗公司选育。耐热，生长势强，侧蔓多，果实呈长圆柱形，长40厘米左右，瘤状突起较宽扁。瓜皮乳白色，肉白色，品质优良，极受消费者欢迎。

5. 苦瓜品种的选择原则是什么？

苦瓜品种选择要根据栽培条件和消费者对苦瓜商品性状的要求，选择适应当地栽培、符合目标市场、畅销对路的品种。概括地说，无论选择哪个类型的品种，都要以栽培条件和苦瓜商品性的优劣作为选择品种的重要标准。生产中选择苦瓜栽培品种，一是要考虑该品种是不是适应本地的栽培条件，能不能获得高产。二是要考虑该品种的商品性，是否适应目标市场，能否获得高效。

6. 如何进行苦瓜引种?

(1)引种原则　苦瓜性喜温暖,耐热不耐寒,生长适温20℃~30℃。苦瓜属短日照作物,但对光照长短要求不严格,喜光不耐阴。根据苦瓜的这些特性,在进行苦瓜引种时,应遵循以下原则:①同纬度地区之间或相同自然生态条件之间相互引种较易成功。②高纬度地区从低纬度地区引种,应引进较早熟、耐低温的品种;低纬度地区从高纬度地区引种,应引进稍晚熟、耐高温、耐高湿的抗病品种。③不同自然生态类型区之间相互引种时,引种地区的自然生态条件应满足苦瓜生长发育的要求。④引种应与区域试验和生产试验相结合,切忌盲目大面积引种。

(2)引种方法

①确定引种目标　要提高苦瓜引种的成功率,首先应确定合理的引种目标。如对引进品种的成熟期早晚、产量、品质、瓜皮刺瘤多少、大小、颜色等商品性状的要求,都能在引种目标中反映出来。概括地说,北方地区从南方地区引种苦瓜时,应以早熟、优质、高产、耐低温、抗逆性强、适应性广的苦瓜品种作为主要引种目标,以适应引种地的光照、温度等气候条件;南方地区从北方高纬度地区引种时,应以优质、高产,耐高温、耐高湿、抗逆性强、适应性广的中晚熟品种作为主要引种目标,以充分利用引种地的光照、温度等气候资源。

②引种的程序　当一个苦瓜新品种从外地引入后,首先要进行小面积试种或安排品种对比试验,以当地主栽品种作对照,观察比较引进新品种的特征特性、产量和品质等性状表现,从中筛选出产量高、品质好、较对照增产显著或具有特殊优良性状的引进品种,参加正式的预备试验或区域试验。推荐参加区域试验的新引进品种,经过2年的区域试验表现突出,较对照品种增产显著者,

可于翌年参加生产试验。生产试验中表现好，较对照增产显著或具有特殊优良性状的引进品种，可申请新品种审定或鉴定。新引进品种审定或鉴定通过后，由有关主管部门发布公告进行公示。公示期满后无异议的引进新品种，即可进行大面积推广。

苦瓜的引种程序是：

小面积试种或品种对比试验→参加预备试验或区域试验→生产试验→审定通过或鉴定通过→公示推广。

7. 出口苦瓜有哪些商品性要求？

出口苦瓜对商品性的要求比较严格，主要表现在以下几方面。

(1)基本要求　同一批次的出口产品应是同一品种；所有出口产品应保持新鲜；产品无腐烂、裂果、病虫危害等；产品表面清洁，无异物，无异味。

(2)等级要求　在符合基本要求的前提下，苦瓜产品可分为特级、一级、二级。各等级的感官要求应符合下列规定：

①特级要求　具有该品种固有的特性；果实大小整齐一致，整齐度≥95%；瓜形规则；色泽均匀一致；果实发育均匀，肉质脆嫩；瘤状饱满，无机械损伤；瓜柄切口平整。

②一级要求　具有该出口品种固有的特性；果实大小较整齐，整齐度≥93%；瓜形基本规则；色泽基本一致；果实发育较均匀，基本无绵软感；瘤状饱满，无明显的机械损伤；瓜柄切口水平、整齐。

③二级要求　具有该出口品种固有的特性；果实大小较整齐，整齐度≥90%；瓜形较规则；色泽较均匀；果实发育较均匀，基本无绵软感；无明显机械损伤。

(3)允许范围　按质量计，特级允许有5%的产品不符合该等级的要求，但应符合一级的要求；按质量计，一级允许有7%的产品不符合该等级的要求，但应符合二级的要求；按质量计，二级允许有10%的产品不符合该等级的要求，但应符合基本要求。

(4)**安全卫生** 安全卫生应符合我国或进口国绿色蔬菜质量安全要求的规定。

(5)**协议品质** 符合协议商定的外观及内在品质的要求。

8. 出口苦瓜栽培应注意哪些问题?

(1)**合理选用品种** 包括选用对路品种和高质量的种子。苦瓜商品性的优劣，在很大程度上取决于苦瓜品种的遗传特性，如，瓜皮色泽、果实形状、表皮瘤状物的形态、瓜肉厚度等，均受遗传基因控制。因此，在进行出口苦瓜栽培时，一定要根据进口国的要求，选用符合进口国需要的优良品种，也可接受进口国提供的品种进行栽培。另外，一定要选用高质量的苦瓜种子，尤其是种子纯度和发芽率。

(2)**科学施用肥料** 肥料是苦瓜产品形成的物质基础，对苦瓜商品性的影响表现在两个方面。一是正面表现为肥料对产量及商品性提高的作用，如充足的多元肥料能满足苦瓜植株的健壮生长，使苦瓜果实个大、顺直、脆嫩、表面光滑、色泽纯正、畸形瓜少，产量和商品性高。二是负面表现为盲目施肥给苦瓜商品性带来的不良影响，如盲目大量施用氮素化肥，会使多余的氮素转化为硝酸盐或亚硝酸盐，在果实中积累影响风味和品质，使其商品性下降。因此，在进行出口苦瓜栽培时，应根据苦瓜需肥规律及土壤养分状况，进行科学的配方施肥，以满足苦瓜对养分的需求，以提高产量和商品性。

(3)**合理密植** 苦瓜栽培密度的大小，直接影响着苦瓜的产量和商品性。苦瓜在高密度栽培条件下，会因叶面积过大、透光不良而影响苦瓜结瓜数量，或使幼瓜发育不良造成畸形瓜。但栽培密度过小，会因群体不足而影响苦瓜产量。因此，在进行出口苦瓜栽培时，应根据所用苦瓜品种的特性及栽培技术要点，确定最佳栽培密度，保证出口苦瓜产量和商品性的同步提高。

（4）**加强田间管理** 田间管理水平，直接影响苦瓜的产量和商品性。如果在结瓜期土壤缺水干旱，会出现弯瓜或畸形瓜；瓜田长时间积水，易造成苦瓜根系受害，轻者生长受阻，重者烂根死亡，造成苦瓜减产或绝收；苦瓜整枝绑蔓能使瓜蔓合理地分布于空间，提高光能利用率，充分发挥个体和群体综合优势，促进单瓜个体发育，使产量和商品性同步提高。

（5）**及时防病治虫** 栽培出口苦瓜，病虫害防治不及时，会使苦瓜减产或降低商品性。因此，病害应以防为主，不要等病害大发生再去治，应防患于未然。防治虫害应在幼虫三龄前喷药防治。只有这样，才能保证出口苦瓜的产量和商品性的提高。

（6）**适时采收，规范分级** 适时采收是保证苦瓜商品性的重要措施。如果采收过早，苦瓜产量低，而且单瓜个体过小，商品性较差；如果采收过晚，果实软化或变黄，失去商品性。因此，苦瓜在25℃～35℃条件下开花后10～15天、15℃～24℃条件下开花后18～25天，不管瓜个大小均应及时采收。采后进行严格挑选，规范分级包装。达不到出口级别的产品应就地处理，以保证出口苦瓜产品的质量。

四、栽培环境与苦瓜商品性

1. 影响苦瓜商品性的栽培环境因素有哪些?

影响苦瓜商品性的栽培环境因素有温度、光照、水分、肥料、空气等,苦瓜的商品性与栽培环境有密切关系,栽培环境的改变直接影响着苦瓜的商品性。栽培环境恶化会使苦瓜的商品性降低,改善栽培环境能使苦瓜健壮的生长,从而提高苦瓜的产量和商品性。例如,苦瓜结果期温度过低,会因授粉受精不良而出现落瓜或形成畸形瓜;肥水供应不足,会使幼瓜发育受阻,生长发育不良;光照不足,会因光合产物积累少,影响幼瓜的生长;有害气体污染,苦瓜植株和果实吸收有害气体后,轻者引起有害物质在果实中积累,影响苦瓜的品质,重者可降低产量或植株死亡。因此,栽培环境是影响苦瓜商品性的重要因素。

2. 温度对苦瓜商品性的影响有哪些?

苦瓜喜温,较耐热,不耐寒。种子发芽适温为 30℃～35℃,在 20℃以下时,发芽缓慢,13℃以下发芽困难。在 25℃条件下,约 15 天便可育成具有 4～5 片真叶的幼苗,在 15℃条件下则需要 20～30 天。在 10℃～15℃条件下,植株生长缓慢,低于 10℃则生长不良,5℃以下时,植株受害。但在温度稍低(15℃左右)和短日照(12 小时)条件下,发生第一雌花的节位提早。开花结瓜期适温为 20℃～28℃,以 25℃最为适宜。因此,苦瓜在 15℃～25℃的范围内温度越高，越有利于苦瓜的生长发育，其结瓜早、果实膨大快，瓜条顺直，产量和商品率高，品质好。30℃以上和15℃以下对苦瓜植株生长和结瓜都不利，从而影响苦瓜的产量及商品性的提高。

3. 水分对苦瓜商品性的影响有哪些?

苦瓜性喜湿润，但不耐涝。土壤相对湿度80%左右时，植株生长健壮，果实生长发育良好，瓜条顺直，色泽纯正，商品率高。如果天气干旱，土壤相对湿度低于70%、空气相对湿度低于80%时，植株生长受阻，果实发育不良，畸形瓜多，品质下降，商品性差。如果田间积水，造成土壤缺氧，苦瓜容易出现沤根、烂根、叶片萎蔫的现象，轻者影响产量，重者会造成大量植株枯死。若苦瓜田出现干旱时，也会影响苦瓜植株的生长，轻者生长受阻，重者会因干旱而枯死。因此，当苦瓜田间因自然降雨出现积水时应及时排水，土壤出现干旱时应及时浇水，浇水不可过量。为苦瓜创造良好的水分环境，以保证其健壮的生长。

4. 光照对苦瓜商品性的影响有哪些?

苦瓜属于短日照植物，喜强光，不耐弱光，但经过长期的栽培和选择，苦瓜对光照长短的要求已不太严格。但若苗期光照不足，会降低对低温的抵抗能力，海南北部地区冬春苦瓜遇低温阴雨天气，幼苗生长纤弱，抗逆性差，受冻害就是这个道理。开花结瓜期需要较强光照，光照充足，有利于光合作用，坐果率高和果实发育好，幼瓜顺直充盈，色泽纯正，商品率高。光照不足易引起落花落果，或果实发育不良，畸形瓜多，商品率低等。在光照强度达到10万勒的炎热夏季，苦瓜依然生长良好。但在阴雨寡照条件下生长发育受阻，造成落花落果。早熟品种和晚熟品种对日照长度的要求不同，一般早熟品种满足13小时的光照、晚熟品种满足12小时的光照，30天即可通过短日照阶段。

保护地栽培苦瓜，应采取措施增强光照强度，延长光照时间。如进行植株调整、保持棚膜洁净、选用透光较好的无滴膜、适时揭盖草苫、张挂反光幕等措施，均能增强光照强度和延长光照时间，满足苦瓜生长发育对光照的需求，以提高苦瓜产量和商品性。

5. 气体对苦瓜商品性的影响有哪些？

一般气体环境对露地栽培苦瓜影响较小，设施栽培苦瓜气体环境对商品性影响较大。

（1）设施气体环境特点　由于设施处于密闭或半密闭状态，设施内经常出现空气湿度大、二氧化碳（CO_2）气体缺乏及有害气体积聚较多等问题而影响蔬菜的正常生长发育。生产中了解不同条件下的气体成分，增加有利气体，排除有害气体是设施管理的一项重要内容。

（2）二氧化碳气体　二氧化碳是苦瓜光合作用的重要原料，生产中通过通风换气，可以补充设施内二氧化碳浓度，但是在寒冷季节通风，必然会导致温度下降，甚至使苦瓜遭受冻害。所以在设施密封条件下，人工补充二氧化碳是有效的方法。人工补充二氧化碳的浓度，因当时的光照强度、生育时期、设施内温度等不同而异。一般在弱光、低温、叶面积系数小时，采用较低浓度，而在强光、高温、叶面积系数大时宜采用较高浓度。

（3）有害气体　由于设施是密闭的，有害气体发生后多聚集于设施内，容易积累形成高浓度，如果不采取相应的防止措施，则会产生气体危害。设施内的有害气体主要有以下几种。

①氨气（NH_3）　设施内施用未发酵腐熟的有机肥料，有机肥料在发酵、分解过程中产生氨气。施用铵态氮肥也可产生氨气。

氨气在空气中达到0.1%～0.8%的浓度时，就可危害苦瓜，使苦瓜叶绿素组织逐渐变为褐色，以至坏死。因此，设施内应避免大量施用未腐熟的有机肥或大量的硫酸铵、硝酸铵、碳酸氢铵等铵态氮肥，并注意经常检查设施内有无氨气的积累。检查方法是在早晨揭苫后马上测试设施棚膜上凝结水滴的pH值，由于氨气微溶于水，氨水为碱性，用pH试纸蘸取棚膜水滴至湿润，然后通过比色卡对比即可。正常情况下，棚膜水滴应为中性至微碱性，pH值为7～7.2，当pH值达到7.5以上时，可认为有氨气的发生和积累。须找出根源并予以排除。

②二氧化氮(NO_2)　二氧化氮是氨气进一步分解氧化而产生的，一般情况下生成的二氧化氮很快变成硝酸被植物所吸收，但施用铵态氮肥多时，二氧化氮则在土壤中积累，其含量达到0.000 2%时，就会使苦瓜受害。二氧化氮危害症状，与设施室内燃烧煤炭加温所产生的二氧化硫气体达0.000 5%后的危害症状相似。

③亚硝酸气体　发生亚硝酸气体危害的重要因素，是有经过强酸、高盐浓度条件下强化了的土壤微生物(反硝化细菌)的大量存在。在连作的设施中，土壤里存在着大量的反硝化细菌，这是连作设施中易发生亚硝酸气体危害的重要原因。由于亚硝酸气体危害的症状与氨气危害相似，不易区别，因而对亚硝酸气体的鉴别显得格外重要。其鉴别方法与氨气的鉴别方法一样采用pH试纸法，所不同的是反应的pH值呈酸性，测定的pH值在5以下时，可能有亚硝酸气体产生和积累。

④塑料薄膜挥发有毒气体　塑料制品的增塑剂大部分为邻苯二甲酸二异丁酯，其本身不纯，含有未反应的醇、烯、氯、烃、醚等沸点低的物质，它们挥发性很强，如混入一定量的乙烯、氯等，对苦瓜的危害很大。轻者使苦瓜受害部位的叶绿素解体变黄，重者使受害苦瓜叶片的叶缘或叶脉间变为白色而枯死，受害部位主要是心

叶和叶尖的幼嫩组织。一般设施栽培定植成活后5～7天(视温度高低影响)表现受害症状,9～10天植株枯死。实践证明,通风换气不能完全控制农膜造成的气体危害。因此,应选用完全无毒的塑料薄膜。

(4)空气湿度　在设施相对密闭或通风不良的情况下,土壤及叶面蒸发的水分不易散出设施外,造成设施内空气相对湿度处在85%～95%,尤其在夜间外界温度低的情况下,设施内的空气相对湿度可达100%。设施内空气湿度变化的规律是:设施内温度增高,湿度降低。设施内温度降低,湿度升高;阴雨天和雾天湿度升高,晴天、刮风天湿度降低;闭风时湿度高,通风时湿度下降;白天温度高,湿度下降。夜间温度低,湿度高。在不通风情况下,设施内的空气湿度经常达到饱和状态,在棚面上形成水滴。

(5)设施内的气体调节

①施用二氧化碳气肥　设施内施用二氧化碳气肥的时间要根据作物开始光合作用时的光照强度而定,一般当光照强度达到5 000勒时,光合强度增大,设施内二氧化碳含量下降,这时为施用二氧化碳的最佳时间。晴天应在揭苫后30分钟施二氧化碳,如果施用了大量的有机肥,肥料分解释放的二氧化碳较多,时间可推迟1小时。停止施用二氧化碳的时间依据温度管理而定,一般在通风前30分钟停止使用。秋、春季节,外界温度较高,设施通风的时间早且长,所以施用二氧化碳的时间较短,一般每天施用2～3小时;冬季气温较低,通风时间短,施用二氧化碳的时间应较长;上午作物同化二氧化碳的能力强,可施用浓度大些;下午同化能力弱,施用浓度可较低或不施用。

苦瓜设施栽培前期施用二氧化碳的效果较好。育苗期,因幼苗集中,占地面积小,施用二氧化碳简单方便,而且对培育壮苗、缩短苗龄等有良好的效果。定植后至雌花开放前不施用二氧化碳,雌花开放至结果初期植株对二氧化碳的吸收量急剧增加,应及时施用二氧化碳，以促进果实肥大，提高苦瓜的商品性。

②防止有害气体　防止设施内产生有害气体应从以下几方面着手：一是施用经过充分发酵腐熟的有机肥料。生产中为获得高产，有机肥施用量较大，一般每 667 米^2 施用有机肥 20 米^3 以上。有机肥料在施用前 2～3 个月，应进行充分发酵腐熟，腐熟的有机肥，不仅不产生氨气、二氧化氮等有害气体，而且也不带病菌和虫卵。二是慎用化学肥料。不施用氨水、碳酸氢铵、硝酸铵等易挥发或淋失的化肥；尿素、硫酸铵等不易挥发的化肥作基肥时，要与过磷酸钙混合后沟施深埋；尿素、硫酸铵、硫酸钾等作追肥时，要采取随水冲施的方法，而且要适当少施勤施。若采取开穴或开沟追肥，一定要随追施随埋严，追肥后及时浇水。不可在设施内追施（包括冲施）未经发酵腐熟的人粪尿等易挥发气体的肥料。三是采用无毒塑料薄膜。设施使用的地膜、防水膜和棚面膜必须是安全无毒的，不可用再生塑料膜。

（6）设施内湿度调节　在设施相对密闭和不通风的情况下，因土壤蒸发的水分不易外逸，设施内的空气相对湿度经常在 95%以上，夜间可达 100%，对作物生长不利。调节设施内湿度的方法是通风换气，排出设施内高湿的空气；采取地膜覆盖，防止土壤水分蒸发，减少设施内空气中的水分含量；防治病虫害采用喷粉尘剂或熏烟法，减少喷雾剂的施用；采用膜下浇暗水。

6. 如何进行二氧化碳施肥？

（1）二氧化碳施用浓度　二氧化碳施肥的浓度因苦瓜的不同生长期和设施内温度、光照、肥水等条件的不同而有一定的变化。一般晴天以 1 500 微升/升为好，阴天以 800 微升/升为宜，雨雪天不宜施用。

（2）二氧化碳肥用时间　二氧化碳施肥应选在苦瓜生长最旺

盛、光合作用最强的时期。同时根据设施内二氧化碳浓度的变化规律，最佳施用时间应在日出30分钟后。具体时间为：11月份至翌年1月份上午9时开始施用；1月份至2月下旬上午8时开始施用；3～4月份早上7时开始施用。每天施用时间最少应在1小时以上，在通风换气前30分钟停止施用。从苦瓜的生育期来讲，苗期施用应在2叶1心后开始，定植前10天停止，定植后在植株第一雌花开花后7天开始施用。在整个生长期内，二氧化碳施肥持续30天以上，效果较显著。注意不要间歇施用，也不要施用时间过短，否则无效果。

（3）二氧化碳施用方法

①有机肥发酵法　有机肥发酵法是利用微生物在适宜的温度、湿度、气体条件下，将有机物分解释放出二氧化碳气体，达到二氧化碳施肥的效果。有机肥料主要包括人畜粪便、作物秸秆、杂草茎叶、麦糠等。施用方式有两种，一种是将有机肥施入土壤中，另一种是将稻草、麦糠、作物秸秆、茎叶单独或与肥料混合覆于地面上。1吨有机物氧化可分解释放1.5吨二氧化碳。

②化学反应法　利用强酸与碳酸盐反应释放二氧化碳气体的方法。由于该方法操作简单，成本低廉，生产中应用较多。其操作步骤如下。

第一步，原料准备。为降低成本，生产中多采用工业废硫酸和碳酸氢铵化肥。工业废硫酸浓度一般为83%～98%，由于浓硫酸与碳酸氢铵反应会产生含硫的有害气体，反应废液中硫酸铵含量较高，甚至为饱和状态，致使反应速度缓慢，不利于二氧化碳气体生成，所以要将浓硫酸稀释至30%左右后使用。浓硫酸的稀释方法：先将相当于预稀释浓硫酸3倍的水盛放在一个耐酸性的容器中，然后将要稀释的浓硫酸缓慢地沿容器壁倒入其中，并不断搅拌，冷却至常温后备用。

温馨提示：操作人员应戴耐酸的长袖手套；在操作处准备1桶

水，硫酸溅洒到皮肤或衣服上时，要迅速投入水中，防止硫酸对人的伤害；盛放硫酸的容器一定要能耐酸腐蚀，如塑料桶等，不能用金属制器；只能将要稀释的硫酸缓慢地沿容器壁倒入水中，不能将水直接倒入硫酸中。

第二步，反应设备布点安装。使用塑料桶体为反应桶的，一般每333.3米^{2}设置20个产气点，以每点控制15～20米^{2}为宜，用绳子将反应桶悬挂在棚室架子上，桶口应稍高于植株高度，并随植株生长不断调节。使用专用二氧化碳气肥装置时，应先阅读使用说明，然后按照说明进行操作。一般是将反应装置平稳地放在棚室中央部位，然后将导气管拉向两端，管首高度与植株高相同。最后检查导气管是否畅通，反应室是否漏气、漏液。出现故障应予以修理或停止使用，以确保安全。

第三步，装料。根据棚室体积和所需达到的浓度，确定需要投放的原料量。大棚体积计算公式为：

$$V=14\pi\cdot s\cdot h\cdot L。$$

其中：V是设施体积(米^3)；

s为设施宽；

h为设施高；

L为设施长。

用塑料桶为反应器的应先将硫酸均衡分装在各桶内，一次装入量应够3～7天使用。每天施放二氧化碳时，在每个桶内投入当天所需的碳酸氢铵即可。

第四步，施放二氧化碳气肥。以塑料桶作为反应器的，每天施放二氧化碳时，在各桶内均匀投入1天所需的碳酸氢铵就完成了施气工作。使用专用二氧化碳发生器时，打开开关反应即开始，不需施放时关闭开关即可。

第五步，清除废液。当上一次装料反应结束，废液在器皿内积存较多时，应及时清除。先将废液倒在一块空地上，然后以施化肥的方法施入田间。

③二氧化碳气瓶法　二氧化碳气瓶法(或液化二氧化碳气体)即将化工生产中产生的二氧化碳压缩在高压钢瓶中,该气体比较纯净。钢瓶额定工作压力一般为 15 兆帕,容积为 40 升,每瓶气体重量 20～70 千克。使用方法步骤如下。

第一步,在钢瓶的阀门出气口安装减压器,将钢瓶内气体的高压降低到工作需要的压力状况。减压可以通过减压器上的调压手柄调节,一般使用压力为 0.1～0.5 兆帕。

第二步,在出气口上安装与设施长度相当的塑料管,在塑料管上每隔一定距离开孔径为 0.1～0.2 厘米的小孔,两孔夹角大约为 120°。孔与孔的距离约为 40 厘米,离气瓶越远,孔距越小。一般将气瓶置于设施的中央,用三通管与气瓶相接,接出两条导气管分送设施两端。若只有一条导气管,将气瓶放在室内一端即可。

第三步,导气管架设。由于二氧化碳气体比空气密度大,容易下沉,所以导气管架设高度应随植株生长高度的变化而变化,以与植株高度相平或略高为宜。

第四步,施放气体,在需要补气时,一般放 5 分钟气后间隔 30 分钟,再施放 5 分钟,每天施放 2～3 次,若推迟通风,也可以增加施放次数。

④燃料燃烧法　燃料燃烧法是通过燃烧碳氢化合物产生二氧化碳的方法,如天然气、丙烷、液化石油气、焦炭、煤、沼气、白煤油等。由于燃料成分复杂,燃烧后除产生二氧化碳外,还会产生诸如一氧化碳(CO)、硫化氢(H_2S)、乙烯之类的有毒气体,因此必须设法加以排除。燃料燃烧法一般有专用的反应设备,目前国内研究成功并通过国家级鉴定的有中科院现代化所研制的 EFQ-40 型焦炭二氧化碳发生器;第二炮兵第三研究所研制的设施气肥增施装置,是利用普通炉具和燃煤,附加燃气净化装置、空气压缩装置,产生纯净二氧化碳后通入设施。国外使用的燃烧碳氢化合物二氧化

碳发生器有两类,一类固定安装在设施内,另一类是可移动的。这些燃烧器不设烟囱,能保证完全燃烧,如果有不完全燃烧就会灭火。燃烧产生的热还可提高设施内的气温。

⑤固体二氧化碳颗粒气肥　中国农业科学院郑州果树所、山东省农业科学院等单位已研制出固体二氧化碳颗粒气肥,产品为颗粒状或粉状,埋入土中或放入容器中加水,即可缓慢向空气中释放二氧化碳。不需要任何装置,比较简便,但施用时间不易控制。

7. 土壤对苦瓜商品性的影响有哪些?

苦瓜对土壤条件要求不严格,除盐土和碱土不能利用外,其他土壤均可种植。但是苦瓜性喜温暖、湿润、不渍水的环境条件。以疏松肥沃、有机质含量高、营养丰富、具有良好排水和透气性能、保水保肥性好、土壤中不含砖石瓦砾、干燥时不龟裂、潮湿时不板结、浇水后不结皮的壤土为最适宜。生产中前茬作物收获后,及时清除枯枝残叶,并进行深翻。冬翻要在封冻前进行,一般深耕 25～30 厘米。冬翻不仅能改良土壤的理化性状,蓄水保肥,加深耕作层,提高土壤肥力,而且还能冻死虫卵和害虫,消灭病菌,特别是苦瓜枯萎病、细菌性角斑病,病菌往往附在枯枝残叶上。冬耕将枯枝残叶深埋地下,经过发酵腐败,加之低温冰冻,使病菌钝化,可减轻危害。深翻后不耙耱进行冬灌,经一冬冻结、风化,等翌年开春化冻后,耙耱保墒整地施肥。

8. 怎样进行土壤消毒?

连年种植苦瓜,一些危害苦瓜的土传病菌及害虫会大量积累或潜伏于土壤中,特别是保护地栽培苦瓜,会发生土壤连作障碍,严重的造成减产甚至绝收。进行土壤消毒,杀灭土壤中真菌、细菌、线虫、杂草、土传病毒、地下害虫、啮齿动物等，能够很好地解决保护地栽培苦瓜的重茬问题，提高苦瓜的产量和品质，是解决老瓜田病虫害和土壤连作障碍的有效措施。

(1)喷淋或浇灌法　将农药用清水稀释成一定浓度，用喷雾器喷淋于土壤表层，或直接灌溉到土壤中，使药液渗入土壤深层进行土壤消毒。喷淋或浇灌法施药处理土壤适用于苦瓜大田或育苗期的土传病害防治，效果显著。

在定植前 15 天，沿畦沟浇灌 40%甲醛 100 倍液，或 50%多菌灵可湿性粉剂、70%甲基硫菌灵可湿性粉剂、75%敌磺钠可溶性粉剂 1 000 倍液，或 10%混合氨基酸铜水剂、10%抗枯灵水剂 300 倍液，然后用聚乙烯塑料薄膜覆盖密封地面，7～10 天后掀开薄膜并中耕浇药沟，释放土壤中残留药剂。在土壤中药剂基本挥发、用手抓起土壤嗅不到药味时方可定植。该法对苦瓜黄萎病、青枯病、白绢病、枯萎病等土传病害的防治效果较好。防治疫病、霜霉病，可用 0.5 千克硫酸铜对水 100～150 升喷淋或浇灌土壤。防治线虫、昆虫、部分草籽、轮枝菌及其他真菌，可用 40%甲醛 100 倍液，每平方米土壤(或每立方米营养土)施用 150 毫升，施药后用塑料薄膜覆盖密封 3 天，处理后经较长时间风干方可使用。

(2)毒土法　每 667 米^2 用 50%甲基硫菌灵可湿性粉剂 1 千克＋70%敌磺钠可溶性粉剂 1 千克＋1.8%阿维菌素乳油 1 千克，与潮湿细土 10 千克拌匀制成毒土。毒土的施用方法有沟施、穴施和撒施。

(3)太阳能消毒法　前茬作物采收后，连根拔除田间老株，多施有机肥料，然后把地翻平整好，在 7～8 月份气温达 35℃以上时，用透明吸热塑料薄膜密闭，地温升至 50℃～60℃，持续15～20 天，可杀死土壤中的各种病菌和虫卵。这一方法适合北方地区连年种植苦瓜的棚室内应用。

9. 有机肥对苦瓜商品性有何影响?

有机肥俗称农家肥,是用动植物残体、排泄物、生物废物等物质,经无害化处理制成的全营养迟效性肥料。有机肥中不仅含有植物必需的大量元素和微量元素,还含有丰富的有机养分。具有改良土壤结构,培肥地力,增加产量,提高品质,提高肥料利用率的作用,是苦瓜生产中施用的主要肥料。

有机肥对苦瓜商品性的影响,主要表现在苦瓜果实的内在品质和外部性状方面。从品质方面来说,施用有机肥的苦瓜口味纯正,营养丰富,维生素含量高,不易受亚硝酸盐或其他有害物质污染,产品易达到无公害或绿色食品要求。从苦瓜外部性状方面来讲,由于有机肥养分比较全,苦瓜不易发生缺素症,苦瓜果实发育健壮,瓜条顺直、畸形瓜少,商品率高,商品性好。

10. 化肥对苦瓜商品性有何影响?

(1)正面影响　化肥为速效性肥料,在苦瓜生产中,根据苦瓜的需肥规律,进行测土配方施肥,满足苦瓜对营养元素的需求,可以使苦瓜迅速生长,果实发育良好,瓜个肥大顺直,外观商品性好,内在品质优,抗病高产。

(2)负面影响　化肥养分单一,如果滥用,尤其是大量追施氮肥,会导致苦瓜植株徒长荫蔽,幼瓜授粉不良,畸形瓜增多,果实味淡,风味差。严重的致苦瓜内亚硝酸盐含量增高而影响内在品质,商品性降低。

11. 适用于苦瓜生产的新型肥料有哪些?

(1)龙飞大三元有机、无机、微生物肥料　龙飞大三元肥料是河南省农业微生物工程技术研究中心,三门峡龙飞生物工程有限公司,在中国科学院院士、中国农业大学教授陈文新的指导下,选用特定的化合物或矿物质元素、有机物和功能性生物活性菌,运用科学的配比关系,辅以特定的发酵及合成工艺复制而成的,集无机、有机、微生物肥料为一体的新型肥料。

该肥料集多种微生物群落独特的生理调节功能,无机肥(化肥)的单一、速效、高效性和有机肥的全营养长效性于一体,不但能起到对苦瓜不同生长发育阶段所需求营养的均衡供应,而且可改良土壤性质,改善单一施用化肥导致的生态失衡和环境污染,提升产品品质,从而达到土地的种养结合,保障农业生产的可持续发展,是顺应现代农业生产对多功能、综合性、简便实用性的迫切需要而产生的肥料新秀。

为了区分用氮、磷、钾 3 种单质元素复(混)合而成的三元复合(混)肥,将其命名为“大三元肥料”。为了区别于其他假冒伪劣产品,2008 年 12 月 7 日,将大三元肥料,更名为“龙飞大三元”,并在国家工商管理局进行了商标注册。

龙飞大三元有机无机生物肥的不同规格成分配比如表 4-1 所示。

表 4-1　有机无机生物肥的不同规格成分配比

成分规格	生物有机粒		无机养分粒		
	有机质(%)	有益菌(亿个/克)	N(%)	P_2O_5(%)	K_2O(%)
通用型(高氮)	≥20	≥0.20	28	10	7
果蔬型(高钾)	≥20	≥0.20	22	8	15

续表 4-1

成分规格	生物有机粒		无机养分粒		
	有机质(%)	有益菌(亿个/克)	N(%)	P_2O_5(%)	K_2O(%)
果蔬型	≥20	≥0.20	22	10	13
果蔬型(高钾)	≥20	≥0.20	18	12	15
配　比	1		1		

龙飞大三元肥料具有"一增、一促、二降、三提"的功效，即增加土壤肥力，促进作物根系生长，降低病害发生程度，降低农药和化肥对土壤的污染，提高产量，提高品质，提高抗逆性。

龙飞大三元肥料在生产应用中具有 3 个特点，即三肥三效优势互补、有益菌种多功能全和缓释性。

(2)控释肥料　控释肥料又称缓释肥料，指所含养分能在一段时间内缓慢释放供植物持续吸收利用的肥料。缓释肥料具有以下优点：①使用安全。由于能延缓养分向根域的释出速率，即使一次施肥量超过根系的吸收能力，也能避免高浓度盐分对作物根系的危害。②省工省力。一次性施肥能满足作物全生育期对养分的需要，不仅节约劳力，而且降低成本。③提高养分利用效率。缓释肥料能减少养分与土壤间的相互接触，从而减少因土壤的生物、化学和物理作用对养分的固定或分解，提高肥料效率。④保护环境。缓释肥料可使养分的淋溶和挥发降低到最小程度，有利于环境保护。因此，缓释肥料日益引起人们的重视。缓释肥料可分为化成型、包膜型和抑制剂添加型 3 种。

(3) 叶面肥　作物吸收养分主要通过根系来完成，由于土壤对养分的固定，加上生长后期根系的吸收功能衰退，为了保持作物全生育期养分的平衡供应，叶面施肥作为一种强化作物营养的手段在生产中被广泛地应用。一种完整的复合叶面营养液，通常由大量营养元素和微量营养元素组成。大量营养元素占溶质的60%～80%，主要由尿素和硝酸铵配成，硫酸铵等一般不用作氮源。微量营养元素占溶质的5%～30%，微量元素用于叶面喷施，效果明显高于等量根部施肥。通用型复合营养液常加入5～8种中量元素和微肥(如硼、锰、铜、锌、钼、铁、镁、钙肥)；专用型复合营养液大多加入对作物有肯定效果的2～5种微肥，或对其中1～2种适当增加用量。

叶面肥喷施的溶液浓度因肥料品种和作物种类而异。通常大量元素肥料的喷施浓度为1%～2%。对旺盛生长的作物或成年果树，尿素的浓度还可以适当加大。微量元素肥料溶液浓度为0.01%～0.1%。

(4) 药肥　药肥就是含农药的肥料。其专用性强，施用效果好，在国外种类繁多，消费量大。在除草剂方面，美国以硫酐氨基酸类除草剂与液氨混合，用注入法施入土层7～10厘米深处，使施肥区无草带。

由于大部分农药在弱酸性或中性介质中比较稳定，在偏碱性条件下易分解失效，化肥中除钙镁磷肥、碳酸氢铵偏碱性外，一般为中性或弱酸性。因此，农药和化肥混合不会导致农药有效成分的迅速降低。至于少数在偏碱性条件下稳定的农药，可通过调节混配复合肥的pH值来保持其稳定性。因此，药、肥混用是一项可行的措施。

药肥混用不仅是一项节约劳力的生产措施，而且还有提高农药施用效果，延长药效的作用。但药肥在使用上存在人工施用不安全和贮存运输过程中如发生袋子破损，容易失效和产生污染等问题。为此，中国科学院南京土壤研究所进行了含农药肥料包膜的研制，目前已生产出有效养分含量为30%左右、水分含量低于5%，抗压强度比一般混配复合肥大，膜内pH值为5、膜面pH值为6.5左右，粒径能任意控制的，适用于水稻、小麦、蔬菜等作物的药肥。

包膜药肥工艺条件要求较高，有时在制造掺混复合肥时加入除草剂，其工艺过程就较为简单。如水稻除草专用肥，在氮、磷、钾肥料的基础上，在造粒阶段将60%的丁草胺乳油用喷雾方法加入，加入量为肥料总重量的0.06%～0.16%。

（5）磁化肥料　磁化肥料是电磁学与肥料学相互交叉的产物，通过在氮磷钾复混肥中添加磁性物或含磁载体，经可变磁场加工而成的一种含磁复混肥。其优点是除了保持原先氮磷钾速效养分外，还增加了新的增产因素——剩磁，两者协助作用可提高肥效。

磁化肥料主要由两部分组成：一部分为磁化后的磁化物质，一部分是根据不同土壤及作物需要而配制的营养组合。生产的关键主要在于磁化技术，肥料被磁化后持有剩磁，剩磁能调节生物的磁环境，并刺激作物生长，而其强度是磁化肥料的一个重要指标（≥0.05毫特）。我国目前主要采用的原料是粉煤灰、铁尾矿、硫铁矿渣及其他矿灰，资源丰富，价格便宜，成本低。施用磁化肥能使作物增产9%～30%。

（6）二氧化碳气肥　二氧化碳肥大多在保护地（温室或塑料大棚）施用，蔬菜生产应用最为广泛。在夜间由于土壤和作物的呼吸作用释放出二氧化碳，棚内二氧化碳浓度比棚外高，日出前二氧化碳浓度可达450微升/升以上。随着光照强度的增加，作物光合作用的加强，棚内二氧化碳浓度逐渐下降，最低时降至80微升/升左右，为二氧化碳补偿点水平。采取通风换气补充办法，二氧化碳浓度也只能维持在260微升/升左右。在棚室中，由于植株不断生长发育，叶面积指数逐渐增大，二氧化碳成为光合作用的主要限制因子，因此，施用二氧化碳就成为增产的有效措施。

（7）腐殖酸类肥料　腐殖酸类肥料是以泥炭、褐煤、风化煤等为主要原料，经过不同化学处理或在此基础上掺入各种无机肥料制成的肥料。常见的有腐殖酸铵、腐殖酸钠、黄腐酸、黄腐酸混合肥等。

(8) 氨基酸类肥料　以氨基酸为主要成分，掺入无机肥制成的肥料称为氨基酸肥。农用氨基酸肥的生产主要以有机废料(皮革、毛发等)化学水解或生物发酵而制得。在此基础上，添加微量元素混合浓缩成为氨基酸叶面肥料。

(9)多肽复合肥　多肽复合肥是在复合肥生产过程中通过添加一种琥珀色的活性多肽物质“金属酶”而生产的一种新型增效复合肥。产品颗粒内外均为黄色。

由于“金属酶”在土壤中及在作物体内的高效催化作用，使多肽复合肥与普通复合肥相比，具有提高肥料利用率，壮根、促早熟和防早衰，提高作物抗旱、抗寒、抗病等抗逆性的作用，进而达到提高作物品质，增加作物产量的目的。施用多肽复合肥，一般可提前5～15天成熟。

许多农户使用了多肽复合肥后，感受到其突出的效果总结道：“叶子是肺，根是嘴，呼吸、吃肥又喝水，消化吸收全靠酶，多肽肥是肥又含酶，是农民增产的好宝贝!”

(10)双酶复合肥　双酶复合肥是将金属酶(主酶)和非金属酶(辅酶)与氮、磷、钾等元素有机结合的产品。由于双酶的催化作用，可延缓叶片衰老，有效防治小叶病、黄叶病、根腐病、立枯病等病害，提高作物抗寒、抗旱、抗盐碱等抗逆性。其抗氧化酶(SOD)可延长果实采摘期，减少腐烂、畸形瓜和裂瓜，使果实更耐贮藏，品质更好。双酶复合肥与普通复合肥相比，用量减少一半的条件下仍可增产，实现了减肥增产、加酶防病和提高苦瓜商品性的目的，同时还降低了生产成本和减少了环境污染。

12. 苦瓜栽培的施肥方法是什么?

据测定,每生产 1 000 千克苦瓜,约需纯氮(N)5.28 千克、五氧化二磷(P_2O_5)1.76 千克、氧化钾(K_2O)6.89 千克。有机质是土壤肥力的基础,一般土壤有机质含量在 1%以下,苦瓜在有机质含量 5%以上的土壤中生长,更能发挥增产潜力。因此,在进行苦瓜高产栽培时,应根据土壤肥力状况和苦瓜的目标产量,按照以产定氮,以氮定磷、钾,以磷、钾肥定微肥的原则,重施有机肥,科学进行氮磷钾及微量元素配比,保证苦瓜对矿物质营养元素的需求,以实现苦瓜的优质高产。

根据苦瓜的需肥规律和安全高效生产要求,苦瓜施肥应采取基肥为主,追肥为辅,在施足有机肥的条件下,补充适量化学肥料的科学施肥方法。

化学肥料可选用龙飞大三元复合肥,或按氮、磷、钾以 3∶1∶4 的比例进行配比施用。氮肥以尿素为主,磷肥可选用过磷酸钙或用磷酸二铵代替,钾肥可选用硫酸钾。施肥量可根据土壤供肥情况和目标产量进行确定,按总施肥量的 70%作基肥、30%作追肥进行施用。

(1)基肥 基肥是指在苦瓜播种或定植前施用的肥料。基肥不但能供给苦瓜全生育期所需要的养分,而且还具有改良土壤、培肥地力的作用。作基肥施用的肥料最好是迟效性的肥料。腐熟有机肥料的厩肥、堆肥、家畜粪等是最常用的基肥。化学肥料的全效缓(控)释肥或磷、钾肥,也作基肥施用。一般设施栽培苦瓜生育期长,产量高,每 667 米^2 施腐熟有机肥 5～8 米^3、三元复合肥 30 千克。露地栽培苦瓜生育期短、产量低,每 667 米^2 施腐熟有机肥 2～3 米^3,三元复合肥 30 千克。常用的基肥施用方法有以下几种。

①普遍撒施　就是将肥料均匀地撒于地面，然后用犁耙耕作，把肥料翻入土壤，使肥料与土壤充分混合均匀。其特点是方法简单易行，根系吸肥面积大，但施肥量应大。

②沟施　是在耕翻整地后，在田间放线开沟，把肥料均匀地撒入沟内，上面覆土，以备播种或栽苗。其特点是节省肥料，有利于提高肥效，但根系吸肥面积小。

③穴施　田间翻耕整平后，按行距放线，按株距挖穴，把肥料施入穴里并覆土，供栽苗备用。该法既节约肥料，又能提高肥效，但较费工。

(2)追　肥

①土壤追肥　苦瓜结瓜期长，需肥量大，追肥应按前期轻、中期重、后期补的原则进行。一般于开花坐瓜后进行第一次追肥，每667 米^2 追施龙飞大三元 50 千克，或尿素 15～20 千克、硫酸钾10～15 千克。以后每采收 1 次瓜，每 667 米^2 追施尿素 15 千克，每采收 2 次瓜每 667 米^2 追施龙飞大三元 50 千克。

②叶面追肥　在苦瓜生长期间，以无机肥料、微量元素或植物生长调节剂等溶液，结合人工降雨或用喷雾器将低浓度肥料溶液喷洒到植株上，借着水分的移动，从叶和枝梢的气孔进入植株体内部的施肥方法，称为叶面追肥，又称叶面施肥、根外追肥。

苦瓜叶面喷肥有明显的增产效果，特别是结瓜盛期、遇病虫侵袭时、出现缺肥症状时，喷施叶面肥，能及时补充苦瓜所需要的营养物质，有利于苦瓜幼瓜的良好发育，多结瓜，结大瓜，减少畸形瓜，从而提高苦瓜的产量和商品性。有关资料表明，在中等肥力土壤上，苦瓜采用叶面追肥 2～3 次，可增产 5%～20%。苦瓜叶面追肥可选用 5%细糠、麦麸浸提液，或 0.3%～0.5%尿素溶液，或2%～2.5%过磷酸钙浸提液，或 0.5%～1%氧化钾溶液，或 0.1%硼酸溶液，或 0.01%硫酸锰溶液，或 0.1%～0.2%硫酸锌溶液，或0.2%～0.5%磷酸二氢钾溶液，或 0.1%志信锌溶液，或 0.1%志信铁溶液，或0.2%龙飞大三元氨基酸溶液。

13. 怎样进行苦瓜叶面追肥？应注意哪些问题？

苦瓜叶面施肥可结合防治病虫害喷药进行。如果喷施后24小时内遇雨，应补喷。叶面肥种类的选择要有针对性。苦瓜生长发育主要是从土壤中吸收营养元素，叶面肥只是起到一定的补充调节作用。叶面肥按成分可以分为氮肥、磷肥、钾肥、磷钾复合肥、氮磷钾复合肥、微肥、稀土微肥、腐殖酸液肥及加入植物生长调节剂的叶面肥料等。生产上常用的叶面肥品种有尿素、磷酸二氢钾、硫酸钾、过磷酸钙、硼砂、钼酸铵、硫酸锌、稀土微肥、光合微肥、喷施宝、草木灰浸出液以及米醋、蔗糖等，这些肥料具有性能稳定，不损伤叶片等特点。

叶面追肥应以氮磷钾混合液或多元复合肥为主。在确定叶面肥种类前最好先测定土壤中各元素的含量及土壤酸碱度，缺什么补什么，以充分发挥肥效。有条件的也可以测定苦瓜植株中营养元素的含量，或根据缺素情况确定叶面肥的种类及用量。

在植株出现缺肥的情况下，可以选用氮磷钾为主的叶面肥；在植株长势正常的结瓜盛期，可以选用以微量元素为主的叶面肥。如苦瓜出现裂瓜、花而不实、落花落果现象，是缺硼所引起的，可以喷施硼砂或硼酸。按照对症下药的原则，进行叶面喷洒，效果较好。此外，也可选用复合微肥，如氨基酸钙液肥、活力素、植物动力2003、活力钙、施得乐、螯合态多元复合肥、多元素综合微肥等。

严格掌握喷洒浓度。叶面喷洒浓度要适宜，浓度过低，达不到追肥的目的；过高，易发生肥害或毒素症。

施用时期和时间要科学，苦瓜全生育期均可施用，但应避开盛花期。一般在晴天的早、晚或阴天进行，喷后3小时内下雨，天晴后应补喷，但浓度要降低。

肥料混合要合理。如将2种以上叶面肥混用，增产效果更显著。但不能任意混用，如磷酸二氢钾不能与稀土混施；人尿、沼液不能与草木灰浸提液混用。

肥料与农药混合要合理。叶面肥可以和大部分防治病虫害的药剂混合使用以减少人工劳动强度，达到事半功倍的效果。但叶面肥与碱性药剂不能混用。

叶面追肥不能代替土壤施肥。叶面追肥只能是一种补充，必须在施足基肥并及时土壤追肥的基础上，才能取得理想效果，切忌单一依靠叶面追肥获得高产的做法。

14. 苦瓜设施栽培对商品性有何影响？

苦瓜性喜温暖湿润的气候条件，在温度为20℃～25℃、空气相对湿度为80%条件下生长良好。棚室栽培在低温季节可采取保温增温措施，高温季节可采取遮阴降温措施，以满足苦瓜对温度、湿度和光照等条件的需求。棚室小气候对苦瓜商品性的提高有正面促进作用。当棚室气温达到25℃时，苦瓜开花结瓜正常，幼瓜生长发育良好，瓜体膨大迅速，瓜条顺直粗大，色泽纯正，商品率、商品性高。

15. 地膜覆盖栽培的优点有哪些？

苦瓜地膜覆盖栽培，具有增加地温，防止土壤水分蒸发，改善土壤理化性质，提高土壤肥力，抑制杂草生长，减轻病害等作用。在连续降雨的情况下，还能降低土壤湿度，减轻土传病害的发生程度，从而促进苦瓜植株生长发育。可使苦瓜提早成熟，结瓜多，瓜个大，瓜条顺直，瓜皮光亮，色泽好，商品性好，商品率高，增产显著。

16. 苦瓜地膜覆盖栽培的技术要点有哪些?

(1)培育壮苗 地膜覆盖栽培的目的是早熟高产。因此,应选择耐寒、抗病能力强、早熟丰产的苦瓜品种,如大顶苦瓜、春早1号、早绿、绿箭等。一般在定植前50天播种育苗,可采用营养钵或营养土块育苗,大苗带土移栽,使幼苗迅速返青生长。

(2)重施基肥 地膜覆盖后施肥困难,而且地温回升较快,苦瓜生长旺盛,需肥量大。因此,覆盖地膜之前应重施基肥,一般按苦瓜一季所用总肥量的60%～70%作为基肥一次性施入。基肥以有机肥为主,应适当增施磷、钾肥。基肥采取窝施或沟施的方式,在栽苗前3～5天施入,然后覆土。

(3)浇足底墒水 覆盖地膜前畦面一定要浇透水,使畦内的土壤含有充足的水分。但是畦面浇水后不能马上盖地膜,否则会造成膜内土壤湿度过大,形成"包浆土",必须等畦面土壤"吸汗"后,才能盖膜。

(4)整地覆膜 施足基肥后及时翻耕整地,要求精细整地,不留明暗坷垃,然后做畦并覆膜。覆膜方式有以下几种。

①高垄覆膜 畦面呈垄状,垄底宽50～80厘米,垄面宽30～50厘米,垄高10～15厘米,垄距80厘米左右。每垄种植1行苦瓜。地膜覆盖于垄面上。高垄覆膜受光较好,地温容易升高,也便于浇水,但旱区垄高不宜超过10厘米。

②高畦覆膜 畦面为平顶,高出地平面10～15厘米,畦底宽1.5米,畦面宽1米,沟宽0.5米。畦面栽2行苦瓜。地膜平铺在高畦的面上。高畦覆膜增温效果较好,但畦中心易发生干旱。

③沟畦覆膜 按1.6米一带,每带开50厘米左右宽的沟,沟深15～20厘米,把育成的苦瓜苗定植在沟内,每带栽植2行,然后在沟上覆盖地膜。当苦瓜幼苗生长顶着地膜时,在苦瓜苗的顶部

将地膜割成十字，称为割口放风。晚霜过后，苦瓜苗自破口处伸出膜外生长，待苗长高时再把地膜划破，使其落地，覆盖于根部。俗称“先盖天，后盖地”，有保苗护根的作用。

生产中不论采用哪种覆膜方式，均应把地膜拉紧铺平无皱褶，并与畦面紧贴，膜的四周用土压紧压实。对杂草较多的地块，可在覆膜前对畦面均匀喷施除草剂，这样除草、保温、保湿效果更好。

（5）合理密植　进行地膜覆盖早熟栽培，可适当增加密度。一般每 667 米^2 定植 2 200 株左右。

（6）适时早栽　北方地区地膜覆盖栽培一般在“谷雨”前后定植，比不盖膜的提早 5 天左右。地膜覆盖再加盖塑料棚（小拱棚、大棚等）栽培，应在清明前后定植，可提早 15 天左右。定植时，按要求的行、株距将地膜划破小口，将秧苗栽入穴中。定植应选在冷尾暖头的晴天，带土移栽。定植后及时浇“定根水”，然后用细肥土将定植孔封严以保温保湿，促进幼苗生长。

（7）科学管理　苦瓜秧苗定植后，在进行农事操作管理时，要尽量不损坏地膜，发现地膜破裂或四周不严时，应及时用土压紧，以保证地膜覆盖的效果。地膜覆盖栽培具有保水保肥等作用，同时幼苗期消耗水、肥量少，因此在肥水管理上应掌握“前期控、中后期追”的原则，在春旱不严重时适当控制肥水施用，防止植株徒长。当苦瓜进入开花结瓜盛期时，要及时追肥或根外追肥。为满足植株中后期生长发育的需要，可在行间将膜划破追肥。

17. 苦瓜栽培如何进行整地做垄？

苦瓜性喜温暖、湿润的环境条件，但又怕涝。低温季节垄栽土壤表面积大吸收热量多、增温快，利于提高根系的活力，从而增强苦瓜对寒冷的抵抗力；高温多雨季节，垄栽利于排除积水，减轻暴雨对苦瓜的侵害。

(1)高垄栽培　设施苦瓜栽培,采用高垄栽培效果较好。高垄的垄宽 40 厘米,沟宽 80 厘米,垄高 10～12 厘米。每垄栽 1 行,株距 30～40 厘米,如图 4-1 所示。

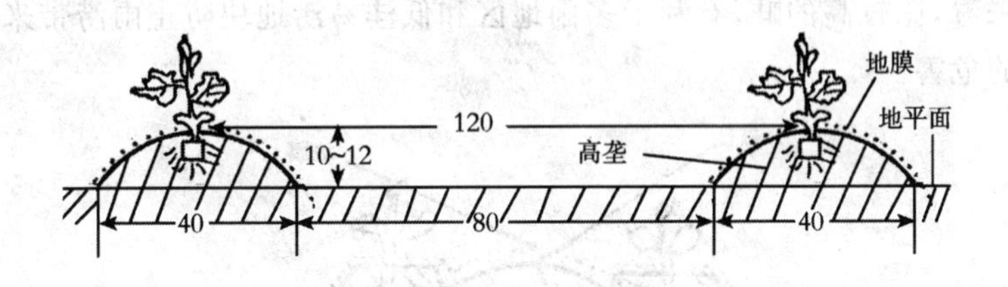

图 4-1　高垄地膜覆盖栽培　(单位:厘米)

①高垄制作　高垄的制作方法有两种。一是地整平后,先在起垄的地方用锄挖成 20 厘米宽的沟,沟深 15～20 厘米,然后将备好的基肥施于沟内,肥和土掺匀,灌水后封土成高垄,最后覆地膜。二是在底墒足的情况下,顺起垄线将基肥撒上,然后用锄或其他工具按规定规格起垄。各地可根据具体情况,因地制宜选择。无论哪种起垄方法,均须土面细碎,没有坷垃,垄高低一致,大小均匀呈拱圆形,然后盖地膜。

②覆盖地膜　用 200 厘米宽的地膜,一幅盖 2 个高垄。用 80 厘米宽的地膜,一个高垄盖一幅地膜。盖膜可在定植前10～15 天进行,也可在定植后进行。盖地膜时,必须将膜抻紧,不能有松弛现象,以免风吹损坏地膜。

(2)高畦栽培　设施苦瓜栽培,采用高畦栽培方式效果较好。高畦的畦总宽 2 米,其中畦面宽 70 厘米、沟宽 130 厘米,畦高10～12 厘米。每畦栽 2 行,株距 30～50 厘米,如图 4-2 所示。

由于地区、地势、土质、季节、气候、水位、降雨量及耕作管理水平等条件的不同,对高畦高度的规格要求也不一样。生产中要因地制宜,以便充分发挥高畦栽培和当地自然资源的优势。如春季苦瓜栽培时，影响生长发育的主要矛盾是温度偏低，采用高畦地膜覆盖栽培，是提高地温的有效方法，高畦高度不同，增温效果也不同，高度越高增温值越大。从测定耕作层土壤含水量的变化情况来看，比较高的畦，有利于多雨地区和低洼易涝地块防止雨涝带来的危害。

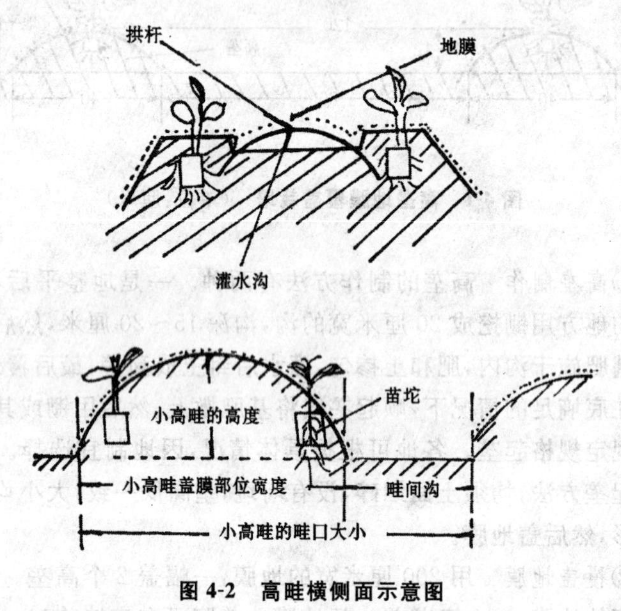

图 4-2　高畦横侧面示意图

长江流域及江南地区的年降雨量大、地下水位高、土质黏重、有不渗水的土层等因素，应以防涝为主要目标，畦高比江北地区的高一些为宜，一般在 15～25 厘米。在少雨地区或灌溉条件差的岗坡地，则偏低一些为好；华北、东北地区，一般土层深厚，土壤渗透力强，春季较干旱，并常伴有大风，早春温度低，以增温、保墒，防低温、冷冻为主要目标，畦高以 10～20 厘米为宜；在水源充足、土质偏黏、有胶泥底不渗水层、地势低洼等地块，畦做得高一些较好；在沙性土壤、漏水漏肥、高岗、丘陵、坡地和缺少水源、不能保证灌溉等地块，畦高则偏低一些为好；雨季的降水量大而集中，要以便于排水防涝为中心，同时须考虑到雨季有时也可能遇到干旱、缺少雨水的情况，若水源有保证，畦高以15～20厘米为宜，在低洼易积水的地块，畦高可达25～30厘米；在西北高原地区，常年雨量稀少，阳光充足，日照强，蒸发量大，往往缺少水源和灌溉条件，不易出现涝害。保墒是重点，一般采用5～10厘米的高畦，甚至采用平畦地膜覆盖栽培。

高畦栽培要灌好底墒水。没灌溉条件的地区或地块，土地耕翻后及时做畦、盖膜，以利于保墒。但在雨水较多的地区，低洼易涝及地下水位高的地块，则要多耕翻耙地，进行散墒，以防土壤水分过大，造成烂种或幼苗不发根，导致缺苗或幼苗变成黄苗、弱苗，甚至出现沤根死苗。具体做法则要因时、因地制宜，前提是要保证底墒水充足，既要防旱又要防水分过多。

(3)向阳坡畦栽培　向阳坡畦的宽度应根据不同地区、不同季节、不同耕作习惯和地膜的宽度确定。要考虑有利于苦瓜栽培，有利于抗旱和防涝，有利于地膜的合理使用，有利于采光。生产中多采用100厘米宽的地膜。向阳坡畦的畦向一般为南北向，东西延长，这样畦面在一天之内受光均匀，温度差异较小(图4-3)。

(4)朝阳沟栽培　朝阳沟的挖法是按行距1米一带挖一沟，将耕作层的肥沃田土翻在沟的南面，耕层下的生土夯墙。墙的宽窄和高低，与各地的纬度、气候有关。在河南省墙高一般为30～40厘米，墙宽20厘米。夯墙一般在播种或定植前20天进行。夯墙有两种方法：① 20厘米高的墙可以直接一面铲土一面夯，夯够高度，再用铲将墙两边铲齐。② 墙高于20厘米的，用两块板夹着夯实，这样夯出的墙整齐、结实。需要注意的是夯墙土一定要湿润，以不沾夯为原则。墙夯好后整沟，沟宽50厘米、深20厘米(图4-4)。

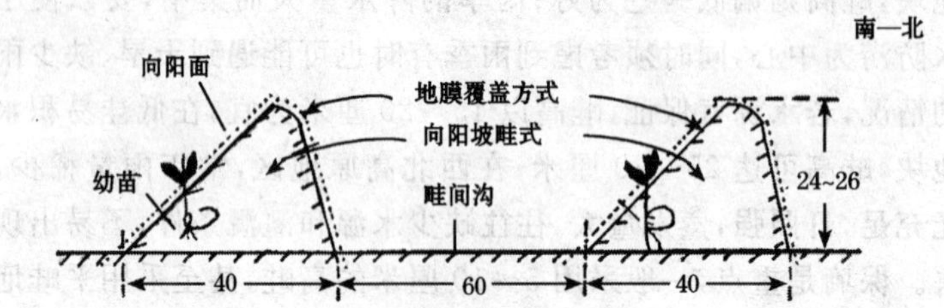

图 4-3 向阳坡畦式横切面示意图 (单位:厘米)

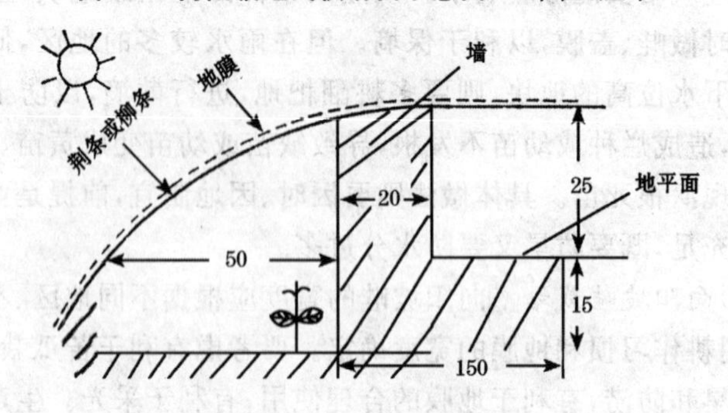

图 4-4 朝阳沟栽培横剖面示意图 (单位:厘米)

整沟后再将准备的肥料施于沟内,然后盖上地膜,膜下每隔50厘米用树条、细竹竿或竹皮儿插一拱形支撑地膜。地膜一般应在播种或定植前10～15天覆盖,以利提高地温。

(5)高畦矮拱棚栽培 这种栽培方式结合设施应用较好。栽培畦的地膜先当“天膜”用,有防寒、保温效果,可以使苦瓜提前到晚霜结束前10～15天播种或定植,不但克服了高畦地膜覆盖栽培不能使苦瓜提前到晚霜期内出苗和定植的缺点,而且也克服了高埂沟栽地膜覆盖单独应用时,苦瓜在生育中后期和进入雨季后,因沟内荫蔽,湿度大、通风透光不良等,所引起的各种病害和烂果等缺点,是一种较好的栽培方法。

高畦矮拱棚的建造方法是按建高畦的田间作业顺序先做高畦,在播种或定植后,用小竹竿、紫穗槐条、柳条、杨条等材料,在高畦上扦插成高 50 厘米(每 50～60 厘米一拱架),稍大于高畦底宽的矮拱棚架,选择 100 厘米宽的地膜覆盖在矮拱棚架上面,周围用土将地膜埋严、压实。膜上每隔 2～3 拱压一拱形竹竿或树条,以防风刮膜,同时便于通风时绷紧棚膜(图 4-5)。

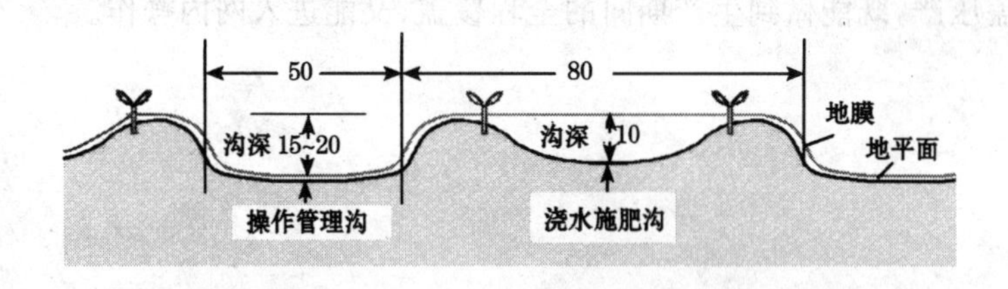

图 4-5　高畦矮拱棚地膜覆盖示意图　(单位:厘米)

高畦矮拱棚栽培,终霜期过后,植株长到将要顶住膜时,将“天膜”揭开,撤掉矮拱棚架,进行 1 次松土、除草、追肥,再把撤下的“天膜”改变为地膜覆盖,变成高畦地膜覆盖栽培。

18. 苦瓜防虫网栽培对商品性有何影响?如何搭建防虫网室?

防虫网栽培对苦瓜商品性的影响,主要表现在 2 个方面:一是防虫网能阻止害虫直接侵害苦瓜,使苦瓜果实生长发育良好,商品率高。二是能较大幅度减少苦瓜的用药量,减轻农药对苦瓜的污染,提高苦瓜的内在品质,使苦瓜果实达到无公害或绿色蔬菜的要求。

防虫网栽培除具有遮阳网的优点外,最大的特点是防止虫害侵入,能防虫防病,大幅度减少农药使用量,是生产无公害蔬菜的关键技术。防虫网规格较多,一般应选用 22 目或 24 目的防虫网,新近研究表明17目防虫网的效果也很好。防虫网颜色有白色、银灰色等，以银灰色的防虫网为好，既适宜蔬菜正常生长，又可驱避害虫。防虫网覆盖形式主要有大棚覆盖、平棚覆盖和小拱棚覆盖。大棚或日光温室覆盖防虫网，只需将防虫网覆盖在塑料大棚或日光温室骨架上即可，生产期间不揭开，实行全程覆盖。平棚覆盖防虫网，先用水泥柱或毛竹等搭建成高2米的平棚，四周用防虫网覆盖压严，既能做到生产期间的全程覆盖，又能进入网内操作。

五、栽培模式与苦瓜商品性

1. 什么是苦瓜间作套种？有哪些优点？

苦瓜间作套种是指苦瓜与一种或两种生育季节相近的作物，在同一块田地上成行或成带（多行）间隔种植的一种栽培方式。一般把几种作物同时期播种的叫间作，不同时期播种的叫套种。二者最大的区别在于套种的共生期很短，一般不超过套种作物全生育期的一半，而间作作物的共生期至少占一种作物的全生育期的一半。套种侧重在时间上集约利用光、热、水等资源，间作侧重在空间上集约利用光、热、水等资源。

苦瓜间作套种可提高土地利用率，由间作形成的作物复合群体可增加对阳光的截取与吸收，减少光能的浪费。同时，两种作物间作还可产生互补作用，如宽窄行间作或带状间作中的高秆作物有一定的边行优势；豆科作物与非豆科作物间作，有利于补充土壤氮元素的消耗；苦瓜爬蔓生长、性喜光照，与性喜阴凉气候的生姜、花椰菜、甘蓝等间套作，可充分利用空间与地力。

2. 苦瓜间作套种模式有哪些？

苦瓜与其他作物间作套种模式主要有以下几种：日光温室（或塑料大棚）草莓与苦瓜套种，日光温室苦瓜套种西芹，日光温室韭菜套种苦瓜，日光温室苦瓜与茼蒿套种，日光温室苦瓜、番茄、西葫芦套种一年三熟，塑料大棚苦瓜与辣椒套种，塑料大棚苦瓜与大白菜套种，塑料大棚番茄、苦瓜和蘑菇套种等。

(1)日光温室草莓与苦瓜套种技术　根据草莓较耐寒不耐热和苦瓜喜温耐热的生长特点，草莓和苦瓜间作套种是较好的模式，该模式关键栽培技术如下。

①品种选择　草莓宜选用早熟、丰产、优质的保护地专用品种，如丰香、佐贺清香、红颜、红粉佳人、威斯塔尔等；苦瓜宜选用生长势强、耐热、早熟丰产、抗病性强、第一雌花着生节位低的品种，如大顶苦瓜、蓝山大白苦瓜、种都长白苦瓜、东方青秀苦瓜等。

②育苗　草莓苗常用匍匐茎繁殖，繁殖方法是定植前1年秋季选无病虫健壮母株，于定植当年3～4月份稀植于露地中，株、行距45厘米×60厘米，每667米^{2}定植2 000株，到8月中旬每株可获3～4叶匍匐茎苗100～150株。在每株母株上选1～2株发育旺盛、花芽饱满、根系发育好、叶柄短、叶片大、大小整齐一致的近母株的壮苗。

苦瓜在8月上旬播种育苗。播前浸种催芽，80%种子出芽后播种，用营养钵育苗，苗龄30天左右，幼苗达到4叶1心时定植。

③整地施肥　草莓定植前10～15天，深耕土地，施足基肥，并以施用长效有机肥为主。一般每667米^{2}施腐熟农家肥5 000千克、饼肥150千克、磷酸二铵50千克、硫酸钾15千克，或龙飞大三元有机无机微生物肥400千克，深翻土壤，使粪土充分混合，平整后做成深沟高畦，南北起垄。一般畦底宽90厘米，畦高20～30厘米，畦沟底宽30厘米，灌水沉实。

④定植　草莓一般应在9月底至10月初花芽分化将近结束时定植。一畦双行，株、行距16厘米×24厘米，每667米^{2}定植8 000～10 000株，尽量带土移栽。栽植时一定要注意使花序全部伸向畦外侧，使草莓苗的弓背朝外，根系尽量展开，苗心与地面相平。定植后充分浇水，以促进成活。11月上旬，苦瓜苗4叶1心、株距35厘米时定植，每隔1畦草莓定植1行苦瓜。

⑤田间管理　草莓定植后应及时中耕锄草，摘除病、老叶以及腋芽、匍匐茎，一般每株苗保留5～6片叶。由于氮肥抑制花芽分化，此期不宜追施氮肥，待顶花芽分化结束、腋花芽开始分化时，及时覆盖地膜及棚膜。地膜覆盖在相邻的两小行畦上、扣好棚膜，留好通风口。覆膜一般在10月中下旬、温度降至8℃左右时进行。从覆膜至草莓开花，白天棚室温度应控制在25℃～30℃、夜间12℃～15℃，随外界气温下降要加盖草苫保温；开花至果实膨大期，白天温度保持在22℃～25℃、夜间12℃；成熟期白天温度20℃～24℃、夜间8℃～10℃。开花结瓜期要求棚室内空气相对湿度控制在80%以下。11月下旬开始开花结瓜，在施足基肥的条件下浇足开花水，一般到翌年2月中旬草莓不再浇水。3月份后，苦瓜进入结瓜期，温、湿度管理以苦瓜为主，白天温度保持25℃～28℃、夜间15℃～20℃。随着外界温度的升高，应加强通风，夜间温度稳定在15℃以上时昼夜通风。每隔10～15天浇1次水，并随水冲施腐熟鸡粪或速效氮磷钾肥，每次每667米^{2}可冲施三元复合肥20千克。遇连续阴、雨、雪天气，应进行人工补光，通常采取的措施是在保持温度的前提下，草苫尽可能早揭晚盖。在覆盖不透明覆盖物后，应人工补光4～6小时，一般每隔4米挂1盏100瓦白炽灯或日光灯，以促进开花结瓜。在保护地内苦瓜应进行人工授粉，促进坐瓜。

(2)日光温室西芹与嫁接苦瓜套种　苦瓜与西芹套种可有效地提高日光温室利用率，西芹和苦瓜的产量和质量也有较大提高，其主要栽培技术如下。

①栽培季节　该栽培模式是将西芹和嫁接苦瓜先后定植于温室内。一般西芹于11月上旬定植，苦瓜在翌年1月10日左右定植。

②品种选择　西芹可选用帝玉犹他、文图拉、脆嫩等品种，苦瓜可选用大顶苦瓜、青丰苦瓜、东方青秀等品种。

③播种及育苗　华北地区日光温室越冬西芹与苦瓜套种，西芹一般在8月20日前后播种，苦瓜一般在11月上旬播种育苗。

④定植及管理　西芹与苦瓜都是在幼苗具4～5片真叶时定植。定植前每667米²施优质腐熟有机肥5000千克、三元复合肥100千克。西芹畦宽1米，苦瓜畦宽60厘米，每隔3畦西芹套种1畦苦瓜，西芹行距20厘米，株距20厘米，苦瓜株距30～40厘米，每畦定植2行。苦瓜定植深度以土坨表面与土壤表面平齐为宜。埋坨前要浇透水，然后密闭棚室提高温度。西芹定植深度应掌握"浅不露根，深不埋心"的原则。西芹缓苗后，进行20天左右的蹲苗，蹲苗之后，及时浇水，结合浇水每667米²追施尿素5～10千克，作提苗肥。至收获前冲施2次尿素，每次每667米²追施20～30千克。从西芹定植到收获前这段时间，棚室温度管理以适应西芹生长为主，白天棚温保持15℃～22℃、夜间12℃～15℃，苦瓜只要不旱即可。如遇寒流或风雪天气温度较低，苦瓜可加扣小拱棚御寒。西芹在生长过程中，要及时除去黄叶、病叶。苦瓜植株长至30厘米高时吊蔓。为使前期主蔓生长粗壮，应选择在晴天上午11时至下午2时去侧蔓须和卷须；同时，用剪刀剪去老化的叶片。西芹3～4月份为收获期，西芹收获后，苦瓜营养生长进入旺期，棚内温度白天控制在20℃～30℃，夜间不低于15℃。为促进坐瓜和果实生长，应采用人工辅助授粉。浇水应选择在晴天的上午进行，浇水后关闭温室，温度上升至30℃时通风排湿。春季温室内温度易于升高，要注意通风换气，以防病害发生。开花结瓜期结合浇水，每667米²追施尿素15千克、硫酸钾10千克。摘瓜宜在晴天上午进行。

(3)日光温室苦瓜与韭菜套种　日光温室苦瓜与韭菜套种的栽培模式，能充分利用土壤、光能、劳动力等资源，提高温室的利用率。苦瓜抽蔓前生长缓慢，苗期长，不影响冬季韭菜的生长，后期也不用再搭架，可在揭膜后利用温室拱架攀缘生长。该模式关键栽培技术如下。

①品种选择　温室栽培韭菜应选择叶片宽厚、叶色浓绿、叶丛直立、休眠期短、商品性好、生长较快、抗病性强的品种，如河南791、杭州雪韭、陕西马蔺韭、汉中冬韭等。

②栽培方式　韭菜以直播为主，当年播种，当年扣棚，当年收割。也可采用育苗方式。两种方式均为夏秋养根，冬春覆盖生产，1～3年后可换根重种。

③播种时期　韭菜育苗一般在4月下旬至5月上旬播种，即“谷雨”至“立夏”之间为最佳播期，播后发芽率高，出苗快。翌年此期移栽；直播应采用小拱棚双膜覆盖，提早2个月播种，以延长根株培养时间，提高当年产量。

④整地施肥　头年秋季前茬作物收获后，深耕晒土，每667米^{2}施优质腐熟农家肥(羊粪最佳)8 000千克以上、沤过的饼肥300～400千克、磷肥100千克，灌足底水，耙耱保墒。

⑤种植方法　韭菜直播采用宽幅条播法，行距35～40厘米，播幅12～15厘米，沟深8～10厘米。推平沟底，将精选的种子装入底部扎有许多小孔的金属罐内摇播均匀。每667米^{2}播种量为3～5千克。种子撒播后及时覆2～3厘米厚细土，然后用脚轻踩一遍，再轻盖一层细沙保墒以利出苗。为了提早出苗，也可进行浸种催芽，然后再播。方法是用30℃温水浸种24小时，除去秕籽，搓洗黏液，滤去水分，覆盖湿毛巾置于15℃～20℃条件下催芽3～5天，每天用清水淘洗1～2次。种子露嘴后，移到10℃～15℃条件下“蹲芽”，待80%种子出芽后播种(播后勿踩)。

韭菜育苗移栽采用开沟撮栽，行距33～35厘米，沟深10～12厘米。将起好的韭苗挑选整理，须根剪留10厘米左右，叶从分杈以上剪留3～4厘米，摆放到阴凉处，在开好的沟中撮栽，撮距20厘米，每撮30～40株，顺沟长条形分布，栽齐压实，及时浇水，直至成活。如有缺苗，及时补栽。

⑥田间管理　出苗前后，土壤随干随浇，保持地面湿润，以利出苗快，出苗齐。采用拱棚覆膜播种的，出苗后注意通风，白天温度保持15℃～20℃、夜间10℃～12℃。晚霜过后撤棚，及时锄草、浇水、松土，苗弱时可每667米^{2}追施磷酸二铵20千克。

入秋后韭菜生长快，关键是培养根系。8月份结合浇水每667米^{2}追施尿素20～30千克，9月份每667米^{2}施饼肥200～300千克或优质腐熟农家肥2 000～3 000千克，10月份（寒露）以后控水蹲苗，防止贪青推迟休眠。发现根蛆可用80%敌敌畏乳油或90%晶体敌百虫1 000倍液灌根。

⑦扣膜时间　休眠期短的品种河南791、杭州雪韭等，叶子枯萎前后均可扣膜，即可提前10天左右（10月底）先割一刀韭菜，再行扣膜。休眠期较长的品种陕西马蔺韭、汉中冬韭等，须待地上部枯萎以后（即11月中上旬）扣膜。扣膜之前，清除残茎枯叶，灌足冬水，待水渗后，每667米^{2}施2 000～3 000千克腐熟农家肥即蒙头肥。

⑧温度调控　韭菜生长适温12℃～24℃。在清茬或收割后温度可以提高至25℃～30℃，促进快速发苗。待韭叶出土后严格控温，白天温度保持17℃～24℃，夜温不低于10℃；收割前3～5天，降温2℃～3℃，使韭菜割后不易发蔫，以提高商品性。扣棚初期，加强通风换气，草苫适当早揭晚盖。

⑨灌水追肥　扣膜后，灌水不宜过多。在收割前5～7天必须灌水，目的是提高产量，并为下刀韭菜生长创造条件，割后立即浇水易造成韭菜烂茬。结合浇水每667米^{2}追施尿素或磷酸二铵15～20千克。

⑩培土与扒土　每刀韭菜株高达10厘米左右时，在前期松土的基础上开始培土，每次培土3～4厘米（以不超过叶片分杈处为宜），共培土2～3次，最后培成高约10厘米的小垄。培土的目的：一是软化假茎，优化品质。二是利于沟灌，水不泄露。三是直立生

长，防叶下披。四是可使叶丛聚于垄中，有利通风透光，提高地温，减少病害，植株健壮，收割方便。对于开沟深栽的韭菜，每次收割后要及时扒土亮茬，提高地温，促进生长。

⑪韭菜收割　扣膜后到第一刀韭菜收割，正常管理条件下需40～50天，但如果不能有效控制室内温度，持续高温，会使头刀韭菜在15～20天内长成，此时收割，售价低，韭菜鳞茎中消耗的养分不能得到充分补给，影响随后各刀的产量。该茬韭菜可割4～5刀。根据韭菜地上与地下养分运转关系，两刀收割间隔应为1个月左右，植株有4～5片叶时为最佳收割期。收割间隔期太短，会使韭菜长势衰退减产，严重时会被割死。直播或移栽的韭菜，多用铲子收割。收割留茬高度要适当，过高影响产量，过低损伤韭菜。一般在鳞茎以上3～5厘米处收割为宜。割茬呈黄白色为宜，割茬绿白色为太浅，割茬白色为太深，带上“马蹄”状会伤韭根。收割宜在早、晚进行，早晨未揭草苫前收割最好，韭菜鲜嫩不萎蔫，包装后不易发热变黄。

温室韭菜收割结束，4月中旬可揭膜转入露地管理，继续培养根株。4～6月份结合浇水追施化肥2次，每次每667米^{2}施尿素或磷酸二铵20千克。夏季可采收韭薹，但不宜收割青韭。秋季加强管理养根，为翌年覆盖生产打基础。韭菜一般连续生产3年左右就需换根。

(4)日光温室苦瓜与茼蒿套种

①茼蒿栽培　选择耐寒的小叶茼蒿品种，于11月初播种，每667米^{2}用种量4～5千克，畦宽1.1米，长与温室宽相同。白天室温保持18℃～20℃、夜间8℃～10℃。当茼蒿长至10厘米高和20厘米高时，结合浇水，每667米^{2}分别撒施尿素10～15千克。当茼蒿长至30厘米时，隔畦采收上市。采收时在茼蒿基部留2片叶，采后3天，结合浇水每667米^{2}追施尿素15千克，促进新枝萌发，第二次采收时全部收完，每次每平方米可采收茼蒿3千克。

②苦瓜栽培　选用大顶苦瓜、青丰苦瓜、种都苦瓜等品种。12月下旬育苗，翌年2月初移栽。垄栽，垄间距1.2米，株距50厘米，整地时每667米^{2}施优质腐熟农家肥3 000千克、硫酸锌0.5千克、尿素10千克、硫酸钾10千克、磷酸二铵10千克，或龙飞大三元有机无机微生物肥300～400千克。当50%植株的第一条瓜坐稳后，每隔20天每667米^{2}追尿素10千克。及时绑蔓和整枝。结合追肥同时灌水，保持土壤湿润，但不能积水。一般从定植至采收约需50天。适时采收，以提高苦瓜的产量和品质。

(5)日光温室苦瓜、番茄、西葫芦一年三熟套种

①品种选择　苦瓜品种可选用长绿、青丰、丈白等。番茄品种宜选用粉果棚冠，其果实成熟早，收获相对集中，5月上旬可收获完毕，而此时苦瓜刚进入开花结瓜盛期。西葫芦品种选用特早30，其瓜条好，生育期短，适于套种。

②茬口安排　根据苦瓜、番茄和西葫芦的生育特点，其配置过程分为3个阶段。一是秋延后番茄生长阶段。番茄7月下旬育苗，8月下旬定植。定植规格为行距60厘米，株距33厘米，每667米^{2}栽3 300株，元旦前后始收春节前收获结束。二是苦瓜生长阶段。苦瓜于翌年1月底播种，3月初定植，每667米^{2}保苗1 300株，在4月上旬始收，收获期可延续至8月中下旬。三是西葫芦生长阶段。西葫芦于8月底直播，按行距80厘米，株距50厘米，每667米^{2}保苗1 500株，9月底始收，采收期30多天，产量高，效益好。

(6)塑料大棚苦瓜与辣椒套种栽培　根据辣椒、苦瓜的生物学特性及生育规律，利用大棚进行辣椒、苦瓜套种，能够合理利用大棚空间，可以创造较好的经济效益。辣椒育苗移栽、苦瓜直播。

①品种选择　辣椒应选择早熟耐寒的玉秀303F_1、汴椒1号等品种。苦瓜选蓝山长白、青丰、大绿、二白等品种。

②培育壮苗　华北地区辣椒、苦瓜均在温室内育苗，辣椒于

12月下旬至翌年1月上旬播种育苗，苦瓜于3月中下旬播种育苗。辣椒种子经浸种后，在25℃～30℃条件下保湿催芽，出芽后即可播种。苦瓜种子种皮较厚，不易吸水，发芽缓慢。可将种壳于发芽孔处轻轻嗑一小缝，然后浸种8小时左右，置于30℃条件下，保湿催芽。种子发芽后及时播种。

辣椒采用10厘米的营养钵育苗。营养土配制用6份大田土、4份腐熟农家肥和少量草木灰混合均匀。辣椒苗在1叶1心时移植到营养钵内，温室内套小拱棚培育，白天揭开棚膜，夜晚覆盖，一般棚内温度白天控制在20℃～25℃，夜间控制在10℃以上，晴天注意及时通风。在施肥整地后，做畦宽80厘米、沟深20厘米的高畦，辣椒于2月中旬定植，在畦上种2行，穴距30厘米左右，每穴2株。辣椒定植后立即播种催芽后的苦瓜种子进行育苗。

③田间管理　苦瓜出苗后及时通风，通风口的大小及通风时间的长短要逐渐变化，不应突然大量通风，以防闪苗或幼苗受冻。棚内温度白天保持20℃～30℃、夜间10℃以上，必要时用草苫保温。清明节过后揭去大棚裙膜，谷雨后揭去顶膜。苦瓜伸蔓后，外界气温已逐渐升高，及时揭去小棚立支架，采用“人”字形结构，将竹竿插在辣椒旁边，上面供苦瓜攀缘，下作辣椒辅助支撑，能有效地防止揭棚膜后辣椒被大风吹倒。辣椒门椒以下侧芽全部抹掉。苦瓜1米以下侧蔓全部抹除，1米以上留侧蔓3～4条，所有孙蔓全部除去，使营养集中，提高结瓜能力。早期气温低，不利于昆虫授粉，苦瓜应人工辅助授粉，辣椒可用浓度为25毫克/升的防落素溶液于开花期间定向喷花，以促进坐果，增加前期产量。辣椒封行前中耕除草1次。

④采收　辣椒4月中旬开始收获，苦瓜6月上旬开始收获。

(7)塑料大棚苦瓜与大白菜套种　早春利用塑料大棚种植大白菜并立体套种苦瓜，既充分利用了保护地空间，又丰富了春淡季蔬菜品种，经济效益十分显著。每667米^{2}可产大白菜5 000千克、苦瓜3 500千克。

①品种选择　大白菜应选择冬性强、产量高的品种，如春大将、四季王、强势等。苦瓜应选择坐果早、产量高、适合当地消费习惯的苦瓜品种，如青丰、长白、长绿等。

②播种育苗　采用温室或大棚套小棚外加盖草苫方式育苗，有条件的可采用电热线育苗。一般于2月下旬将苦瓜种子置于25℃～30℃、保湿、透气条件下催芽。待种子露白时直播于8厘米×10厘米规格的营养钵内。另备10%的多余秧苗播种于苗床，以准备定植时换补营养钵内弱苗。营养土可选用70%田园土加30%腐熟优质有机肥配制，每立方米营养土加1千克磷酸二铵、0.5千克硫酸钾混匀。

苦瓜播种前将营养钵内浇足水，每钵播1粒催过芽的苦瓜种子，播后覆盖营养土，浇足水，营养钵上再覆盖一层薄膜，保温保湿。白菜育苗时不催芽，直播干种子，播种后，温度白天保持在21℃～25℃、夜间15℃，最低温度12℃以上。苦瓜育苗温度比白菜高，白天保持在26℃～32℃、夜间15℃～22℃。同时，注意保温防冻，增加光照时间，降低棚内湿度。

③定植及管理　3月下旬，当白菜苗具4～5片叶、苦瓜苗2叶1心或3叶1心时定植。选择健壮苗定植于塑料大棚内。

定植前结合整地，每667米^{2}施腐熟农家肥3 500～4 000千克、三元复合肥15千克、过磷酸钙10千克作基肥。采用高畦栽培，畦高15～20厘米。定植前，在畦上覆盖地膜以提高地温。白菜苗行距50厘米，株距40厘米，定植穴土略高于地膜0.5～1厘米。每隔4棵白菜定植1株苦瓜。选择天气晴好时定植。

缓苗期要保持20℃的较高温度。在生长期间遇寒流时要加盖草苫或薄膜保温。白菜莲座期温度白天以18℃～20℃为宜，结球期以12℃～18℃为宜，昼夜温差4℃～5℃。缓苗后，每667米^{2}施尿素10千克、磷酸二氢钾5千克，施肥后以土封窝。莲座期每

667 米^2 施尿素 15～20 千克，采用膜下暗灌冲施。包心初期每667 米^2 随膜下暗灌冲施三元复合肥 10 千克、氯化钾 5 千克。在莲座期、包心初期各喷 1 次 10%大白菜防腐包心剂溶液。白菜生长过程中，注意避雨，预防软腐病、病毒病、霜霉病发生。如田间发现少量软腐病，可用 72%硫酸链霉素可溶性粉剂 3 000 倍液，或10%多抗霉素可湿性粉剂 600 倍液喷施防治。

大白菜包心结实后，根据市场行情，及早采收，既可获得可观效益，又可避免后期高温高湿病虫害发生，造成损失。白菜采收后，苦瓜结合施肥，进行培土护根，并进行整蔓，剪掉无瓜蔓，使有瓜蔓和主蔓高度一致，以利于后期生长。苦瓜一般 5 月中旬采收上市。

(8)番茄、苦瓜、蘑菇套种模式　春季棚内种植番茄，秋季棚顶结苦瓜，棚内栽培蘑菇，实现一年 3 种 3 收，经济效益十分显著。

①春季栽培　番茄选择既抗寒又耐高温、早熟抗病、适于密植、果实酸甜适口、肉质较厚、产量高的粉果棚冠、抗病金冠等品种。于 12 月下旬温床育苗，翌年 2 月底至 3 月初定植，每 667 米^2 栽 3 000～4 000 株，5 月中旬采收上市，8 月中旬采收结束。苦瓜于 11 月下旬大棚内育苗，翌年 4 月下旬将育成的瓜苗移植在大棚四周的内侧，每 667 米^2 栽苗 260 株左右，当苦瓜蔓爬上大棚架面时，将大棚的塑料薄膜撤掉。番茄和苦瓜的具体栽培管理技术同常规管理。

②秋季栽培　8 月中旬前后，当苦瓜秧蔓布满大棚架面时，利用秧蔓遮阴，在棚下栽培蘑菇。将棚内番茄全部收完，清除秸秆，整地做畦。苦瓜根系发达，而且分布较浅，做菇畦时要距苦瓜植株远些。每 667 米^2 大棚可做菇畦约 200 米^2，做平底畦，畦宽 90 厘米，畦深 40 厘米，畦与畦之间留出 20 厘米宽的走道，以便于管理。8 月中旬用棉籽壳作培养料平铺在畦内，采用二层播法，即将原料的一半铺在畦内，上撒一层菌种（用菌种量的 40%），然后将另一

半原料铺在上面，再将剩余的菌种撒上，畦的四周适当多撒些菌种，最后用木板压实，让菌种与原料紧贴，但不要压得太实，以免造成通气不良。播菌种量为干料的15%，每平方米菇畦投料20千克，厚度约15厘米，全棚共投料4 000～5 000千克。播菌种后，覆盖地膜。蘑菇现蕾时，揭掉地膜并向畦面喷水，每天喷水2～3次。菇蕾形成至子实体发育成熟，需10～15天。随着子实体的增大，要逐渐增加喷水量和喷水次数。从9月下旬采菇，一直采收至11月底。每次采收后应将死菇、碎片清除，重新覆盖，停止喷水3～5天，以蓄积养分促进菌丝生长。然后进行下茬菇的管理。

进入9月份，苦瓜开始现蕾开花，受精后的子房发育很快，经12～17天即可采收上市。采瓜要及时，并分期进行，以免影响秧蔓上的幼瓜生长，降低总产量。

管理技术要点：苦瓜秧蔓量大，要及时整理使其在棚面均匀分布，以防止直射光进入棚内，影响蘑菇生长。栽培蘑菇时必须距离苦瓜植株2米以外做畦，以防止损伤根系。11月中旬对蘑菇畦加小拱棚覆盖保温、保湿，以延长采菇期。注意大棚架须牢固，以免被苦瓜蔓压倒。

3. 苦瓜网式栽培方式有哪些？

苦瓜网式栽培，可以使植株通风透光均匀，生长旺盛。瓜条向下垂直生长，瓜条顺直，产品商品性好，经济效益高。

（1）利用大棚或温室棚架铺盖栽培网　栽培网规格为宽6米或8米、网孔25厘米×25厘米，每667米^{2}用栽培网5千克，网两边固定，让苦瓜在网上攀缘生长。该技术方便简单，每667米^{2}一次投资200元，可连续使用3～5年，省工省时，操作方便，深受农户欢迎。

（2）简易拉网搭架栽培法　在没有大棚或温室棚架的情况下

使用。拉网搭架方法:用 150 厘米长、5～8 厘米粗的木桩作边柱,以 2～2.5 米的间距埋立柱,柱入土 30～40 厘米,用 16 号铁丝将立柱连接起来。用高 2～2.5 米、粗 3～5 厘米的木桩作中柱,以 2～2.5 米间距、插入地面 40 厘米,用 16 号铁丝将立柱连接起来,每根边柱和中柱也用 16 号铁丝连接。栽培网两边穿起来固定在边柱和中柱组成的棚架上,把栽培网撑起成棚架,将苦瓜蔓引上棚攀网生长。该技术操作简单易学,每 667 米^2 一次性投入 400～500 元,比建大棚省工省钱。

4. 苦瓜网式栽培的技术要点有哪些?

(1)选用良种　苦瓜网式栽培应选用高产、优质、生长势强的抗病品种,如长白苦瓜、绿人苦瓜、月华苦瓜、英引苦瓜等。

(2)选择地块　选择 2～3 年未种植过瓜类的地块,要求地块平整,土壤肥沃,水利条件好,能灌能排。

(3)施足基肥　定植前 1 周左右整地,结合整地施足基肥,基肥以优质农家肥为主,每 667 米^2 施优质腐熟农家肥 4 000～5 000 千克或优质鸡粪 2 000～2 500 千克、控释型三元复合肥 50～75 千克。

(4)覆盖地膜　做畦后浇透水,及时用 1.5 米宽的黑色地膜覆盖,地膜边用土压实以保温保湿,等待定植。

(5)制作网棚　施肥整地后开始搭建网棚,选用直径 4～5 厘米的竹竿,将竹竿插入大棚两边入土深 35 厘米,两竹竿间隔 1 米,做成宽 5 米左右、高 2 米左右的网棚。大棚内每隔 5 米竖立 1 根立柱支撑大棚顶,然后用网孔 80 毫米×80 毫米尼龙网覆大棚顶并固定即可。

(6)定植及田间管理

①适时早栽　各地应根据当地的气候条件确定定植日期,苦

瓜露地栽培应在断霜后、日平均温度在15℃以上时定植，温棚栽培应在棚温稳定在10℃以上时定植。定植应选晴好天气进行，株、行距2.67米×2.5米，每667米^{2}栽100株。定植前按株距尺寸用制钵器打定植穴，然后将营养钵苦瓜苗土块放进空穴里，注意不要使苦瓜苗散坨，及时浇水促进缓苗提高成活率。

②田间管理　一是肥水管理。苦瓜苗定植成活后，有粪肥条件的可用清淡的粪水追施2～3次，每次间隔7天左右；无粪肥条件的每667米^{2}可追施尿素5千克进行提苗。进入采收期后，应每隔15天追施1次肥，每次每667米^{2}施三元复合肥25千克、尿素20千克，可同时增施硼肥1千克，以促进结瓜。二是绑蔓整枝。苦瓜苗成活引蔓后，待茎蔓长至1米以上时应及时牵引上棚，1米以下的侧蔓全部去除，绑蔓应使用软绳以防损伤茎蔓。苦瓜生长中后期要多次摘除老叶、病叶，以利于通风透光和降低病虫危害。结瓜期应经常查看结瓜情况，随时把横在棚面上的瓜条放下来，以利于瓜条的良好发育，减少畸形瓜。

(7)病虫害防治

①主要病害防治　定植15天后易出现根腐病和枯萎病，可及时用70%甲基硫菌灵可湿性粉剂500倍液灌根，进入5月底用70%甲基硫菌灵可湿性粉剂1 000倍液喷洒茎叶，防止炭疽病的发生。进入夏季应每隔10～15天，喷施1次30%氟菌唑可湿性粉剂800倍液，防治白粉病。

②主要虫害防治　苦瓜定植后主要地下害虫有地老虎、蛴螬和蝼蛄等，可用90%晶体敌百虫50克对温水2升溶化，拌炒香的麦麸或豆饼50千克作毒饵，每667米^{2}用2千克，撒施于地面或苦瓜苗周围诱杀害虫。中后期主要害虫有红蜘蛛、瓜实蝇和钻心虫等，可用20%哒螨灵可湿性粉剂3 000倍液喷施防治红蜘蛛，用40%毒死蜱乳油1 200倍液喷施防治瓜实蝇和钻心虫。

(8)适时采收　当果实生长20天左右、瓜体紧实或单瓜重

500克左右时即可采摘上市。生产中切忌果实在茎蔓上生长太久,瓜体太大,以免影响下茬瓜上市时间和总产量的提高。

5. 苦瓜套袋对商品性有何影响?

苦瓜套袋栽培是无公害或绿色苦瓜生产的一项新技术,通常用聚乙烯塑料袋将苦瓜果实套住,让幼瓜在塑料袋内生长发育。苦瓜套袋,一方面可减少病虫对果实的直接侵害,同时可防止农药直接喷到果实上,最大限度地降低农药污染与残留,使其达到绿色食品的要求。另一方面幼瓜在袋内相对稳定的小环境中生长,使果实发育好,瓜形周正、颜色及瓜皮显得幼嫩。苦瓜套袋栽培,既可提高果实外部性状,又可提高内在品质,从而提高商品性,尤其在夏季高温多雨季节,效果更显著。

6. 怎样进行苦瓜套袋?

(1)选袋　可选用袋长80厘米、宽8厘米、厚0.08毫米的无色透明聚乙烯薄膜袋。

(2)选瓜　在幼瓜长4厘米左右时,选择无伤、无病、无斑、无虫的果实进行套袋。

(3)套袋技巧　宜在晴天的上午8～11时和下午2～5时进行。将薄膜袋口在瓜柄部用线绳扎在一起,但不能过紧,防止影响瓜柄正常生长,同时可保持一定的通气性。套袋时瓜袋要鼓起,尽量让幼瓜在袋内垂直悬空,操作时要注意避免损伤幼瓜,以利于苦瓜果实的健壮生长。

7. 苦瓜为什么要轮作？怎样进行轮作？

苦瓜忌重茬，连作 3 年以上易导致土壤营养障碍，发生土传病害和生理性病害，给苦瓜生产造成经济损失。轮作可以破坏病原菌的生存环境，减少病原菌数量，预防或减轻病害的发生，因此，种植苦瓜必须进行轮作。

苦瓜可与非瓜类作物进行 6～7 年轮作，最少是 3 年轮作。轮作以禾本科作物为好，或与大蒜间作，也可进行 3 年水旱轮作。

8. 苦瓜嫁接栽培有哪些优势？

棚室连续多年栽培苦瓜，不但可导致土传病菌的大量繁殖和积累，还可致使大量营养元素和部分微量元素含量的下降或比例失调，从而导致苦瓜土传病害的蔓延和生理障碍的发生，造成苦瓜品质下降，产量降低甚至绝收。

苦瓜嫁接育苗就是利用具有抗土传病害且不影响苦瓜品质的砧木品种（如黑籽南瓜、丝瓜等）和生产上栽培的苦瓜品种进行嫁接，以达到抗病增产目的的育苗技术。苦瓜嫁接育苗具有以下优势。一是增强植株抗病能力。利用抗病砧木嫁接的苦瓜，可以有效地抵御土传病菌的侵害，是预防苦瓜枯萎病、蔓枯病和疫霉病的最有效措施。二是提高植株耐低温能力。由于砧木根系发达，抗逆性强，嫁接苗具有明显的耐低温性能。三是克服连作障碍。苦瓜忌连作，日光温室栽培极易受到土壤积盐和有害物质的伤害，换用黑籽南瓜根以后，可以大大减轻土壤积盐和有害物质的危害。四是扩大了根系吸收范围和吸收性能。嫁接苗植株根系比自根苗成倍增长，在相同的土壤面积上比自根苗多吸收 30％的氮、钾和 80％的磷素，且能利用深层土壤中的磷素。五是有利于提高产量。

嫁接苗茎粗叶大，光合面积大，可使产量增加四成以上。

因此，苦瓜嫁接育苗技术是解决保护地苦瓜栽培土传病害和生理性病害的有效措施之一。

9. 怎样进行苦瓜嫁接育苗？

(1)培育砧木和接穗苗　要想使砧木的嫁接适期与接穗的嫁接适期相遇，必须安排好播种期。采用插接法，要求接穗小，要先播砧木(南瓜)，隔3～4天后再播接穗(苦瓜)；采用靠接法，要求有较大的接穗，则先播接穗(苦瓜)，隔3～4天再播砧木(南瓜)。播种前将砧木种子在室温条件下浸种6～8小时，用湿纱布包好后置于25℃～28℃条件下催芽。砧木出芽后，播种到浇透水的营养钵中，覆1.5～2厘米厚的潮湿细土，并盖一层地膜以保温保湿。苦瓜种子催芽后播于温室的育苗床或育苗盘中，以营养土或细河沙为基质，播种后覆1厘米厚的细土或1.5厘米厚的细沙。播种后出苗前温度保持25℃～28℃，当70%幼苗出土后，及时揭去地膜并适当降温，白天温度保持20℃～25℃、夜间16℃～18℃。控制浇水，以防下胚轴徒长，如土表干裂，可覆盖少量潮湿的细沙以减少蒸发。嫁接前1～2天适当通风炼苗，以提高幼苗的抗逆性。嫁接前1天晚上，将苗床浇透水，并用70%甲基硫菌灵可湿性粉剂500倍液，对砧木、接穗苗及周围环境喷雾消毒处理。

(2)嫁接前的准备

①嫁接用具　用双面刮须刀片削切砧木的接口和接穗的楔。插接法需用竹签在砧木上插孔，签的粗细与接穗茎的粗度相仿，竹签的横切面呈鸭舌状扁圆形，顶端锋利，穿插孔的大小正巧与接穗双面楔的大小相符。其制法是，用长10厘米、宽2～3厘米的竹皮儿，一头削成长1厘米左右的楔形(呈鸭舌状)，粗细以砧木下胚轴的粗度为准，以保证插孔时不撑破砧木下胚轴(要同时制备3～5

个粗细稍微不同的竹签),另一头削成铲形,长度也是1厘米,先打磨光滑,再放在油锅内炸一下即可。嫁接后固定接口最方便的是塑料夹,现已有专业厂家生产嫁接专用塑料夹,一次投资可使用多次。在使旧塑料夹子时,应事先用40%甲醛100倍液浸泡8小时进行消毒。嫁接操作时工作人员的手指、刀片、竹签等都应消毒,可在广口小瓶中放入75%酒精和棉花备用。

②嫁接场所　嫁接要求在温湿度适宜和无风的环境中进行。空气相对湿度要求在90%以上,以防接穗失水萎蔫,并可促进接口愈合。为了提高嫁接工效,可采用长条凳或木板作嫁接台,专人嫁接,专人取苗运苗,连续作业。

(3)嫁接方法

①靠接法　嫁接时削去砧木1片子叶的叫单子叶靠接,砧木保留2片子叶的叫双子叶靠接。嫁接工具为刀片和塑料嫁接夹。嫁接时取大小相近的砧木和接穗,最好二者都拔出苗床。嫁接操作步骤如下:

第一步切砧木。先切去砧木生长点,然后在砧木下胚轴上端离子叶节0.5～1厘米处,用刀片呈45°角向下斜削一刀,下刀要掌握准、稳、狠、快的原则,一刀下去,不可拐弯和回刀;深度为胚轴的1/3,长度为1厘米。

第二步切接穗。取接穗苗,在其下胚轴上端1厘米处向上斜削一刀,深度、长度与砧木切口相等。

第三步插合与固定。右手拿接穗,左手拿砧木,用左手拇指和食指捏住砧木子叶处,中指和无名指夹住下胚轴,使切口稍微张开,右手拇指和食指捏住接穗,并用中指将接穗切口稍撑开,迅速嵌合,然后用嫁接夹夹牢。嫁接夹的上口应与砧木和接穗的切口持平,砧木处于夹子外侧,接穗处于夹子内侧。为方便以后断根,栽植时砧木和接穗根系要自然分开1～2厘米,7～10天后可试着切断接穗根。

②插接法　嫁接工具为剃须刀片和特制竹签。嫁接操作步骤如下：

第一步，取砧木。取砧木苗放于操作台上。

第二步，剔去砧木生长点。先用左手中指和无名指夹住砧木苗下胚轴，食指从两子叶间的一侧顶住生长点，右手拿竹签，用铲形一端剔去砧木生长点。

第三步，插孔。用锥形端在伤口处顺子叶连接方向向下斜插深0.7～1厘米的孔，不可插破下胚轴，以手感竹签似要插破下胚轴而未破最合适。将砧木迅速稳放于操作台上，竹签先不要拔出。

第四步，削接穗第一刀。取接穗苗，用左手中指和拇指轻轻捏住子叶，食指托住下胚轴，右手持刀片将下胚轴上表皮削去1厘米后切断。

第五步，削接穗第二刀。翻转接穗，从另一侧斜削一刀，使接穗呈长0.6～0.7厘米的双面楔形。

第六步，插合。拔出砧木上的竹签，将接穗插入砧木插孔处，使砧木子叶与接穗子叶呈“十”字状。接穗下插要尽量深，可将接穗有皮部分插入一点，以加快愈合，提高成活率。

(4)嫁接后管理　嫁接后的管理主要包括苗床的处理，苗床温度、湿度、光照及通风等管理措施。

①苗床处理　嫁接前准备好苗床并进行消毒。嫁接时，随嫁接随栽植或摆放在苗床上，并浇水和遮阴。苗床摆满后插拱棚覆盖塑料薄膜，注意膜要封严，不得透风漏气。

②温湿度及气体调节　嫁接后1～3天，嫁接苗对温度要求较高，白天温度控制在25℃～30℃、夜间20℃～22℃，促进发根和愈合，超过32℃进行遮阴降温。如果遮阴后温度仍超过35℃，要采用膜上浇水降温，有条件的还可采用湿帘降温。嫁接后1～3天以保湿为主，空气相对湿度保持90%以上，以接穗生长点不积水为宜。嫁接后1～3天要遮阴，第三天可以适当见光，但时间要短，以

早晚为宜。

嫁接后4～6天嫁接苗接口愈合，心叶萌动，温度要适当降低，白天温度控制在22℃～25℃、夜间18℃～20℃。空气相对湿度可降低至90%，以接穗不萎蔫为宜。应适当通风透光，并逐渐延长光照时间，加大光照强度。接穗萎蔫时，进行遮阴保湿，待其恢复后再通风见光。

嫁接后7天嫁接苗基本成活，应以炼苗为主，白天温度仍控制在22℃～25℃，夜间则降低至16℃～18℃，空气相对湿度降低至85%左右，加强通风透光。此期一般不再需要遮阴保湿，但要时刻注意天气变化，特别是多云转晴天气后接穗易萎蔫，要及时遮阴。通过“见光—遮阴—见光”的炼苗过程，使嫁接苗逐渐适应外界环境。

③去萌芽及断接穗根　嫁接后5～7天，若砧木顶芽铲除不彻底，可萌发不定芽，这些不定芽和接穗争夺养分，要及早除去。采用靠接法嫁接的，还要为接穗断根。其方法是：在嫁接后7～10天，先用手重捏接穗嫁接口下方1厘米处的下胚轴，看接穗是否萎蔫，若接穗叶片萎蔫可等1～2天再捏；若接穗不萎蔫，可用刀片从嫁接口下1厘米处割断接穗下胚轴。

六、栽培技术与苦瓜商品性

1. 栽培技术与苦瓜商品性的关系是什么?

苦瓜栽培技术,是影响苦瓜商品性的重要因素之一。苦瓜的分枝性很强,其产量主要是靠侧蔓结果形成的。通过采取整枝技术,使侧蔓均匀地分布,保证良好的通风透光条件,从而提高苦瓜的光合效率使果实良好的生长,既可提高商品性,又可达到高产优质和高效益的目的;保护地栽培苦瓜能创造较高的效益,但连作易造成病虫害严重发生,使苦瓜的产量和品质下降,通过采取嫁接育苗技术,可提高苦瓜的抗逆能力,从而减轻和解除连作障碍,起到增加产量和提高商品性的作用。

2. 苦瓜分哪几个生育期?生长发育特点是什么?

(1)种子发芽期　从种子萌动至第一对真叶展开为种子发芽期,一般为5~10天。

(2)幼苗期　从第一对真叶展开至第五片真叶展开、开始抽出卷须为幼苗期,一般需7~10天。此期腋芽已开始萌动。

(3)甩蔓期　从开始抽出卷须至植株现蕾为甩蔓期。苦瓜甩蔓期较短,如环境条件适宜,幼苗期结束前后现蕾,便没有甩蔓期。

(4)开花结瓜期　植株第一朵花开放至采收植株上的最后1条瓜的日期为开花结果期。该期的长短,受栽培环境、管理水平影响很大,短的只有50~70天,长的达200天以上。其中,现蕾至初花需 15 天左右。海南的南部及北方地区的日光温室栽培，开花结瓜期一般为 150～230 天。

在苦瓜生长发育过程中，茎蔓自始至终不断生长。抽蔓期以前生长缓慢，占整个茎蔓生长量的 0.5%～1%，绝大部分茎蔓在开花结瓜期形成。在茎蔓生长过程中，随着主蔓生长，各节自下而上发生侧蔓，侧蔓生长至一定的程度，又可以发生副侧蔓。随着茎蔓的生长，叶数和叶面积不断增加，据关佩聪对夏苦瓜观察：单株总叶面积约有 5 600 厘米^2，发芽期一对真叶的面积约 35 厘米^2，占总叶面积的 1%以下，幼苗期约占 3%，抽蔓期约占 2%，开花结瓜期约占 95%（其中，开花结瓜初期约占 10%，中期约占 60%，后期约占 25%）。可见，同化器官主要在开花结瓜期，特别是开花结瓜中后期形成。苦瓜一般在 4～6 节发生第一雄花，8～14 节发生第一雌花。发生第一雌花后，一般间隔 3～6 节发生一雌花，也可连续发生 2 朵或多朵雌花，然后相隔多节再发生雌花；在主蔓 50 节以前，具有 6～7 朵雌花的多。主蔓上每个茎节基本上都可以发生侧蔓，而以基部和中部发生的早且壮。侧蔓第一节就可以发生花，多数侧蔓许多节连续发生雄花，才发生雌花，1～2 节发生雌花的侧蔓为数很少（低于 20%）。从夏秋苦瓜观察：主蔓雌花的结瓜率有随着节位上升而有降低的倾向，产量主要靠 1～5 朵雌花结瓜形成，第五朵以后的雌花结瓜率很低。从调整植株的营养来看，摘除侧蔓，有利于集中养分供主蔓的雌花坐瓜。在幼苗 2～4 片真叶时，用 0.005%～0.01%萘乙酸溶液处理叶片 1～2 次，可使第一雌花节位降低，并可显著提高雌花的比率。

3. 苦瓜节本高效栽培技术有哪些？

（1）免耕移栽技术　是指在未经翻耕犁耙的田地上进行苦瓜栽培的一项保护性耕作方法。集除草、节水保墒、秸秆还田、高产栽培等技术于一体，具有生态安全、可持续发展、节本增效等优点，符合现代农业生产发展的方向和要求。

①地块选择　苦瓜喜湿润又怕涝，生长期间对土壤要求不很严格，但免耕高产栽培应选择土层深厚、疏松、排灌良好，富含有机质的沙壤、中壤质地的土壤。前茬以禾谷类、豆类和叶菜类作物为好。

②栽前除草　播种前 7～10 天喷施除草剂。适合免耕栽培使用的除草剂主要是草甘膦，每 667 米^2 用 75.7%草甘膦可溶性粒剂 250～300 克或 10 %草甘膦水剂 1 500～2 000 毫升对水 30～40 升后均匀喷施。

③残株处理　喷施除草剂 7～10 天后，将前茬植株及杂草残体砍断或直接踩倒覆盖于畦面，既可降温、蓄水、保墒，又可促进土壤微生物和蚯蚓活动、加快土壤有机物质腐烂速度、抑制杂草生长等。

④施基肥　一般每 667 米^2 施用腐熟农家肥 3 000～4 000 千克、三元复合肥 65 千克、草木灰 100 千克。在前茬畦面上开穴，做到穴大底平，将基肥施入穴中与土壤拌匀，然后摆苗覆土，覆土厚度以营养土坨不外露为宜。栽完后立即灌水，水量可稍大，浸过畦面，使畦面全部湿润，以利缓苗后根系的生长。

⑤合理密植　夏季气候炎热，苦瓜生长势较弱，结瓜早，生育期短，移栽时可适当密植，一般采用 100 厘米×60 厘米宽的空畦，每畦种植 2 行，株距 50 厘米，每 667 米^2 种植 1 600 株左右。

(2)套袋栽培技术　苦瓜套袋既可避免害虫直接危害果实和在果实上产卵，又可防止农药直接喷到果实上，是最直接、最有效提高苦瓜商品性的技术措施。套袋应在幼瓜长 4 厘米前进行。选用长 80 厘米、宽 8 厘米、厚 0.08 毫米的无色透明聚乙烯薄膜袋。果实袋套后将袋口在果柄部用线绳扎起，注意绑扎不能过紧，以免影响瓜柄正常生长，同时保持一定的通气性，以利于果实良好发育。

4. 如何安排苦瓜栽培茬口?

苦瓜是喜温作物，由于我国南、北方气候差异较大，苦瓜栽培茬口安排也不同，可概括地划分为三北高寒气候区、中原温暖气候区、中南亚热带气候区、华南热带气候区4个栽培区。

(1)高寒气候区茬口安排　本区包括东北、华北、西北及西藏高寒地区。涉及黑龙江、吉林、辽宁、内蒙古、新疆、甘肃、宁夏、青海、陕北和西藏等省、自治区。这一区域气候寒冷，无霜期短(100～150天)，常规露地栽培，1年只能种植1茬。保护地栽培，可进行秋冬茬日光温室栽培、早春茬日光温室栽培和春秋一大茬塑料大棚栽培。

露地栽培一般于晚霜前40～50天在温室或大棚育苗，晚霜后定植在露地，夏秋季收获，初霜到来时拉秧。秋冬茬日光温室栽培于7月下旬至8月上旬育苗，9月上旬定植，11月初收获。早春茬日光温室栽培，于1月上旬在日光温室利用温床育苗，2月底至3月上旬定植在日光温室，4月中下旬收获，7月底拉秧。春秋一大茬塑料大棚栽培，于3月上旬温室育苗，5月初定植棚内，6月上旬收获，夏季揭去棚膜，秋末再覆上棚膜进行秋延后栽培。

(2)温暖气候区茬口安排　本区包括河南、山东、陕西、山西、河北中南部、甘肃南部及苏北和皖北等地区。这一区域气候暖和，无霜期较长(200～240天)，露地栽培1年能种植3茬。保护地栽培，可进行周年生产与供应。

早春茬露地栽培一般于2～3月份利用阳畦或日光温室育苗，3月上中旬利用塑料小拱棚或4月中下旬进行露地高畦地膜覆盖栽培，5月底至6月初开始采收，8～9月份拉秧。夏秋茬一般于5月份露地直播，8月份始收，10月份拉秧。秋冬茬一般在7～8月份直播，9月份始收，10月份进行大棚延后栽培，可延续至12月份拉秧。冬春茬日光温室栽培多于 9 月底至 10 月初播种，春节前后收获，翌年 6～7 月份拉秧。

(3)亚热带气候区茬口安排　本区包括长江流域的四川、贵州、湖南、湖北、江西、安徽、江苏及陕南、浙沪沿江地区和闽、粤、桂北部地区。这一区域气候温暖，雨量充沛，年降水量 1 000 毫米以上，且多集中在夏季。无霜期长，最短 240 天，最长达 340 天，非常有利于苦瓜生长，全年春、夏、秋 3 季均可露地栽培苦瓜。夏季采用遮阳网覆盖栽培，冬季多采用塑料大棚栽培。

该区域露地栽培主要有春茬和秋茬。春茬于 3～4 月份播种，5～6 月份收获，7～8 月份拉秧；秋茬于 6～7 月份播种，8～9 月份收获，11～12 月份拉秧。

保护地栽培茬口有早春茬、秋延后和越冬茬。早春茬于 11 月初育苗，翌年 2～3 月份定植于大棚内，4～5 月份上市，7 月上旬拉秧。秋延后栽培于 8 月份前后播种，9 月底至 10 月上旬始收，11 月份进行大棚延后栽培，可延续至 12 月底拉秧。越冬茬于 10 月上旬播种，春节前后上市，翌年 6～7 月份拉秧。

(4)热带气候区茬口安排　本区包括粤、闽、桂、琼及我国台湾等低纬度地区，全年无霜冻，月平均温度 12℃以上，最高温度可达 35℃。这一区域基本上可以在全年任何季节栽培苦瓜，但夏季多受台风暴雨影响，不利于苦瓜生长，故夏季多采取防雨遮阴和防虫措施，栽培优势在冬春季节。一般露地春季栽培 1～3 月份播种；夏季栽培 4～6 月份播种；秋季栽培 7～8 月份播种；冬季栽培于 9～10 月份露地播种，11 月份以后采取大棚栽培，翌年 1～4 月份供应北方市场。

5. 如何确定苦瓜的适宜播种期？

苦瓜适宜播种期，要根据当地的气候条件、栽培方式、栽培目的和市场需求等具体情况确定。

(1)*确定适宜播种期的原则* 一是以获得最佳产量确定播种日期。如秋播苦瓜在其他条件相同的情况下,早播种能充分利用冬前有利的气温条件延长结果期,以产量优势获得高效益。这一播种日期就认为是秋播苦瓜的适宜播期。二是以苦瓜获得较高种植效益确定播种日期。产量、产品价格和生产成本等因素均影响苦瓜种植效益,而产量和产品价格常受制于播种期。如春季露地栽培苦瓜若播种或定植过早,会因气温低而影响苦瓜幼苗根系发育而出现弱苗及僵苗现象,使苦瓜后发劲弱而减产,这个早播的日期就不是春季栽培苦瓜的适宜播期。利用日光温室栽培冬春茬苦瓜,能使日光温室苦瓜上市期处在较高市价的播种日期,应是冬春茬日光温室苦瓜的适宜播种期。三是以预测市场供求关系来确定。苦瓜生产要想获得高效益,应根据市场预测调整苦瓜的种植方案和计划,然后再根据种植计划确定苦瓜的适宜播种期。

(2)*确定适宜播种期的方法* 苦瓜在适宜的气候条件下,从播种至商品瓜上市的时间因品种而异,一般早熟品种 90～100 天,中熟品种约 105 天,晚熟品种约 120 天。苦瓜定植的适宜生理苗龄为 4 叶 1 心,适宜日历苗龄因不同茬口而异,一般秋冬茬 25 天左右,冬春茬 45 天左右,越冬茬 35 天左右。生产中应根据所选栽培方式和栽培目的及栽培品种等条件,计算苦瓜的适宜播种期。如越冬茬日光温室苦瓜主要是解决春节前后(1～3 月份)的市场供应,早熟品种播种至苦瓜上市约需 100 天,育苗期 30～35 天、生理苗龄达 3～4 片叶时定植,其播期可以推算至 9 月中旬。

6. 如何选择苦瓜种子?如何测定种子发芽率?

苦瓜种子应选择种粒饱满、大小均匀、形状和种色深浅一致的新种子。种粒饱满表现为种皮较厚、色泽较深,其发芽率高、发芽势强。种粒大小、形状和种色有时能反映种子纯度的高低，选种时应加以注意。陈种子表现为种皮发暗呈土黄色或黄色、无光泽，其发芽率和发芽势较低，出苗弱；新种子表现为种皮乳黄色、有光泽，发芽率高，发芽势强，出苗壮。

苦瓜种子的发芽率指测试种子发芽数占测试种子总数的百分比。一般测试样本5个，每个样本100粒，5个测样本发芽率的平均数，即为所测苦瓜种子的发芽率。其测试方法为：先用55℃热水烫种15分钟，期间不停搅动，当温度降至30℃时浸种12小时。若把种子轻轻嗑开一条缝，有利于种子吸水，浸种8小时即可。随后将种子洗净捞出，用干净纱布包好，放入30℃左右的温箱内催芽，每天用温水冲洗一遍以有利于出芽。催芽第三天时测定发芽势，第七天时测定发芽率。

7. 怎样确定苦瓜播种量？

苦瓜种子的播种量，应根据种子千粒重、发芽率、发芽势和栽培密度来确定。例如所用苦瓜种子的千粒重是150克，经测试发芽率为90%、发芽势为80%，每667米^{2}栽1 300株，计算每667米^{2}播种量有以下2种方法。

方法一以发芽率为计算依据。

播种量（克）=〔千粒重（克）×密度（株/667米^2）÷发芽率（%）〕×1.1（校正系数）

方法二以发芽势为计算依据。

播种量（克）=〔千粒重（克）×密度（株/667米^2）÷发芽势（%）〕。

经计算，方法一播种量为238克，方法二播种量为244克。

8. 怎样建造苦瓜育苗床？

(1)苗床位置的选择　苗床一般要选择背风向阳，地势平坦，排灌方便，地下水位低，光照和通风条件良好，有电力条件，交通方便，距离定植田较近的地块。若在棚室内建苗床，还要根据育苗季节，来确定苗床在棚室内的位置，一般低温季节苗床建在棚室中靠南的位置，高温季节苗床建在棚室中靠北的位置。

(2)苗床制作　设施内制作苗床应为南北向。先平整地面，而后做成宽1.2～1.3米的畦，畦间距30～50厘米，畦垄高10厘米。根据苗床的用途可把苗床分为播种床和分苗床。播种床是指从播种到分苗期间所使用的苗床。分苗床是幼苗在播种床中生长到一定的大小之后，为扩大幼苗的营养面积，而把幼苗分栽到其中所使用的苗床。

(3)苗床面积的确定　播种床面积根据播种量和育苗方式确定。分苗床面积根据育苗数量和分苗方式确定。可参照如下公式计算。

播种床面积(米^2)＝实际播种量(克)×每克种子粒数×每粒种子所占的面积(厘米^2)÷10 000

分苗床面积(米^2)＝育苗数×每株秧苗的营养面积(厘米^2)÷10 000

如果采用营养钵育苗，以用10厘米×10厘米营养钵、每667米^2 备钵3 000个为例，需净苗床面积30米^2，建筑苗床占地40米^2 左右。

9. 怎样建造酿热温床？

(1)酿热温床的特点　酿热温床就是在苗床下面挖一个床坑，

坑中填充畜禽粪便、垃圾、秸秆、树叶、杂草、纺织废屑等酿热材料，利用这些酿热材料中微生物的发酵和降解，持续释放出热量来提高苗床温度的一类温床，如图 6-1 所示。

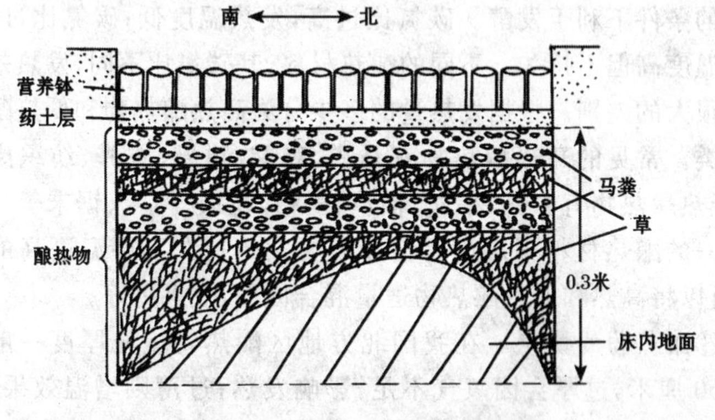

图 6-1　酿热温床剖面示意图

酿热温床由于酿热物的放热作用，使得床土温度比冷床高 4℃～6℃。在生产中，可以通过调整酿热物的配比以及酿热物铺设厚度来调节床温，以满足幼苗生长发育对温度的要求。酿热温床具有加温容易、操作简单、材料来源方便等优点。但床温主要受酿热物影响，放热时间短，热能有限，床温前高后低难以调节。保护地春早熟苦瓜栽培，酿热温床的应用效果较好。

(2)酿热温床的建造

①挖床坑　根据酿热温床距地平面的位置分为地上式、地下式和半地下式。地上式省工，通风效果好，但保温性能差；地下式保温性能好，但费工，后期通风效果差；半地下式介于二者之间。为使苗床温度均匀，床坑底部应做成南边较深、中间凸出、北边较浅的弧形。一般靠北侧 1/3 处最浅，南侧要比北侧深些，南、中、北深度比例为 6∶5∶4。床底最高处距离地面的深度，应根据季节、气候、酿热物的材质和蔬菜作物对温度条件的要求而定。一般半

地下式酿热温床深30～40厘米，地下式深40～60厘米。

②酿热材料的选择　酿热物发热效果，依所含碳、氮、氧和水分的数量而定。一般碳、氮比为20～30∶1，含水量约70%，氧气适量的条件下利于发酵。碳氮比过高，发热温度低；碳氮比过低，发热温度高但不持久。不同的酿热材料，其碳氮比不同，发热效果也有很大的差别。根据发热量的多少分为高热酿热物和低热酿热物两类。常见的高热酿热物有马粪、鸡粪、饼肥、蚕粪、纺织废屑等；低热酿热物有牛粪、猪粪、稻草、麦秸、垃圾、树叶、锯末等。由于单一的酿热材料很难满足苗床既要发热持久又要温度高的要求，所以将高热和低热酿热物适量混合使用，效果更好。

③酿热物的填充　在我国北方地区酿热物填充厚度一般在20～50厘米，过厚会因氧气不足，影响发热；过薄则增温效果差。酿热材料应在播种前7～10天填充。先在床坑最下面垫一层4～5厘米(各处厚度相同)的碎秸秆，以利通气和隔热，而后填充酿热物。酿热物在填床前要用水(最好是粪水)充分湿透，并充分拌匀。填床时，要使酿热物均匀地分布在床内，最好是分层填充、分层踏实。填充后要及时加盖塑料薄膜，夜间加盖草苫，以促使酿热物发酵生热，提高床温。填充3～5天后，当酿热物温度升高至35℃～40℃时，在酿热物上铺填配制好的营养土，厚度依所采用的育苗方式确定。如果直接播种，覆土厚度为10厘米左右；如果使用营养钵等器皿点播，覆土厚度3厘米左右即可。填土后要特别注意床内四周要踩实，以免浇底水时畦面局部下陷。填土时如果感觉酿热物较干，可适当补水后再填土。

10. 怎样建造电热温床?

(1)电热温床的特点　电热温床是在苗床下铺设电热线，利用其产生的热能提高床温的一类温床。一般与日光温室、塑料大棚、阳畦等保护设施结合使用。通过电热线的加温和控温仪对温度的调控,可以保证苗床温度满足幼苗生长发育的需要。电热温床具有加温快,地温高,温度均匀,调节灵敏,使用时间不受季节限制等优点。同时,还可以按照幼苗的生长需要,通过控温仪自动调节温度和加温时间。这样在地温适宜的条件下,种子出苗快且整齐,幼苗根系发达、茁壮,定植后易发根,缓苗快。电热温床非常适合低温季节育苗。

(2)电热线的选择　市面上电热线的生产厂家较多,不同的厂家生产的电热线规格略有不同,具体参数可参考使用说明。常用的电热线额定功率有600瓦、800瓦、1 000瓦,对应的长度随功率逐渐增大,一般为60米、80米、120米。根据经验,一般华北地区种植苦瓜所需功率密度为80～120瓦/米^2,温室中应用略低,塑料大棚和阳畦中使用时略高。电热温床所需要的总功率计算公式为:

电热温床所需要的总功率＝育苗床面积×功率密度

如果育苗床面积为10米^2,功率密度为100瓦/米^2,电热温床所需要的总功率为10×100＝1 000瓦,即要选择额定功率为1 000瓦的电热线。如果苗床面积过大,一根电热线不够,应根据计算出的总功率÷电热线额定功率,求出所需要的电热线根数。如计算出的总功率为1 600瓦,应选用2根800瓦的电热线。

(3)电热温床的建造

①挖床坑　在铺设电热线前,先在苗床底部挖床坑,床坑一般宽1.3～1.5米、深10厘米,把苗床底部整平。挖出的床土做成畦埂,以方便浇水等管理。床坑长度按计算好的苗床面积或设施固有长度确定。

②布设电热线　布线前,先在苗床的两端按照2～10厘米间距,插上铁棍(也可用木棍代替),插铁棍时按照苗床两边间距小,中间间距大的原则进行(一般情况下,苗床中间温度高,两边温度

低，这样布线可以使整个苗床温度均匀）。为保证电热线的两端在苗床同一侧（方便连接控温仪和电闸），每一侧铁棍的数目要为双数。而后利用铁棍把电热线按“回”字形铺设在苗床上（图6-2、图6-3）。铺设时适当地调整两侧铁棍的位置，以保证电热线铺满苗床。电热线铺好，确认线路畅通后，接好控温仪进行通电检查。最后在电热线上盖营养土或摆钵（直接播种的盖土厚度8～10厘米，使用营养钵的不盖土）。

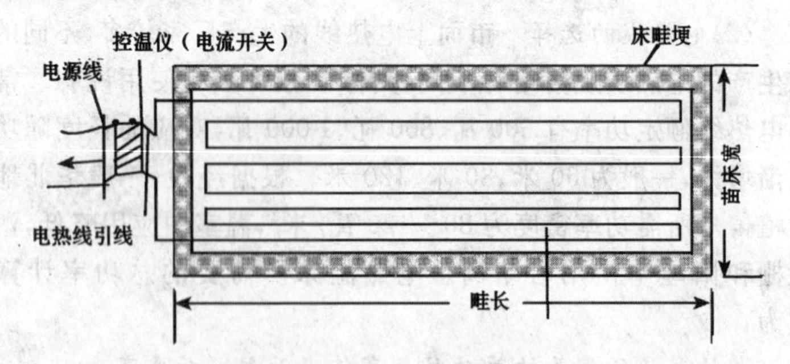

图6-2　电热温床布线示意图

图6-3　电热线布线实图

③注意事项　首次铺设电热线时最好由电工或懂用电知识的人铺设。布线时，不得交叉、重叠或打结，以确保安全；每一根电热线的功率是额定的，不得加长或截短使用。需要使用多根电热线时只能并联，不能串联；电热线只能用作苗床加温，不能成盘或成圈地在空中通电或作普通导线使用；电热线的两头要放在苗床一侧，以便连接控温仪和电源。连接后，电热线两头过长的部分一定要埋入土中。布线时可通过适当改变线间距，尽量使电热线布满苗床；控温仪在方便控温的同时还可以减少耗电量，一般应采用。如果没有控温仪，布线间距一般不能低于 1.5 厘米，以免苗床温度过高，烧伤幼苗；苗床进行浇水等管理操作时应先切断电源，以防损伤电热线；育苗结束取线时，应轻轻起出，擦净卷好放于阴凉干燥处妥善保管，防止鼠、虫咬坏，再次使用时要进行绝缘检查。注意不能硬拔、强拉，更不能用锹、铲等挖掘起线，以防线外绝缘层的损坏，降低电热线的使用寿命。

11. 苦瓜护根育苗的容器有哪些?

苦瓜根系纤细，且根的再生能力弱，在移栽过程中受损伤后，不易恢复。育苗栽培时，要采用容器护根育苗。常用育苗容器有以下几种。

(1)塑料钵　最大优点是护根效果好。由厂家用聚乙烯塑料生产的育苗器具，形似圆锥体，多为黑色半透明状，还有白色和灰色等。在钵体的底部有直径 1 厘米左右的小孔，便于育苗时透水、透气。市场上销售的塑料营养钵有多种规格，可根据需要进行选择。苦瓜育苗常用 10 厘米×10 厘米、8 厘米×10 厘米、10 厘米×12 厘米等营养钵。

(2)纸钵　用废旧报纸或其他废旧纸袋做成的有底或无底的圆形或方形筒袋。最大的优点是就地取材，变废为宝，无成本，用后不用回收，省工省力；缺点是易破，护根效果相对较差。

①有底纸钵制作方法　取一圆形(高10厘米，直径8～10厘米)或方形(10厘米×10厘米×10厘米)的木质或马口铁制的模具，底部要有柄，以方便操作。将废纸裁成长45～50厘米、宽15厘米，而后在模具外面稍松地卷一圈，用糨糊将接口粘住，再把顶端向内折叠成钵底。把做好的纸钵装入营养土，整齐地摆入苗床内。

②无底纸钵制作方法　把裁好的旧报纸直接用手卷成圆筒状，用糨糊把接口粘住即可。与有底纸袋在使用时的不同之处是要先将纸袋撑开摆放到苗床上而后再装入营养土。

(3)草钵　草钵是利用稻草等做成钵体，装入营养土育苗。草钵的优点是就地取材，成本低，不用回收，省工省力；缺点是护根效果相对较差。草钵的制作方法：取长33厘米左右的稻草20余根，将上部用草扎紧，放入水中进行浸泡以增加柔韧性，然后将稻草做扇形处理，放入直径10厘米、高10厘米的模具内，使稻草均匀地紧贴底部和周壁分布，装入营养土，在口处用草箍住，连同稻草和营养土提出即可使用。

(4)穴盘　穴盘的优点是占用空间小，移动方便，可以多年使用；缺点是营养面积小，成本较高。穴盘在工厂化育苗中，利用配好的基质进行播种育苗应用较为广泛，在分苗中使用较少。穴盘多为黑色或浅黑色长方形盘状，在我国各地普遍使用的规格为54厘米×28厘米×6厘米。在穴盘上有许多具有隔板的孔穴，故名穴盘，根据孔穴的多少分为32孔、50孔、72孔、128孔等多种规格。由于穴盘大小固定，孔越多，单孔面积就越小，用户可以根据需要选用。苦瓜育苗常用的穴盘规格为50孔和32孔。

(5)平盘　平盘外形类似穴盘，但没有孔穴，盘的底部布满小眼，以利透水和透气，把营养土装入盘中抹平即可进行播种或分苗。育苗盘优点是移动方便，可多年使用，但成本较高，且苗与苗之间没有分隔，分苗时易散坨，护根效果相对较差。生产中多在基质育苗时使用。目前使用的规格多为60厘米×30厘米×5厘米。

12. 怎样配制育苗营养土？

(1)营养土的要求　苦瓜幼苗对土壤温度、湿度、营养和通气性等都有严格的要求，营养土的质量直接影响着幼苗的生长发育。根据苦瓜秧苗生长发育的特点，营养土一般要求有机质含量不低于5%，氮、磷、钾含量分别不低于0.2%、1%和1.5%，具微酸性或中性(pH值6.5～7)，没有致病菌原和害虫(包括虫卵)，为保证秧苗移植时土坨不易松散，还要求营养土具有一定的黏性。

(2)营养土配料选择

①园土　选用2～3年内未种过瓜类蔬菜，前茬为豆类、葱蒜类、芹菜或生姜等作物的园土。不仅可以减少土传病害的发生概率，而且因豆类作物在土壤中遗留根瘤，土质肥沃；葱蒜类土壤含有大蒜素，可抑制或杀灭土壤中的病菌；生姜地施肥多，土质好，侵害苦瓜的病菌很少。园土应选用0～20厘米深的表土，在8月份高温时掘取，经充分烤晒后，打碎、过筛，去除砖石瓦砾，贮存于遮光避雨处或用塑料薄膜覆盖，保持干燥备用。

②有机肥　有机肥是幼苗的主要营养来源。优质有机肥能促进土壤形成良好的团粒结构，使营养土具备良好的保肥、保水、透水及透气性。

常用的有机肥有厩肥、堆肥、河泥、塘泥、草炭、饼肥等。厩肥为猪、牛、羊、马粪等，为常用有机肥。厩肥和堆肥营养丰富，对改善土壤物理结构，提高通透性有较好的作用，但必须充分腐熟发酵后才能使用。江南地区河塘较多，河泥、塘泥经过冰冻风化，质地疏松，养分丰富，且不带病菌。在草炭丰富的北方地区，利用其配制营养土非常适宜。草炭中含有70%～90%的有机质，营养丰富，且不含病菌和杂草种子，含有的腐殖酸还能促进土壤养分的转化，草炭配制的营养土质地疏松，重量轻，易搬运。天然草炭挖出后，要经冬天冻结，翌年才能使用。在低温季节育苗，以选择马粪、鸡粪、羊粪、豆饼、芝麻饼等暖性肥料较好。高温季节育苗选用鸭粪、猪粪、牛粪、塘泥等冷性肥料为好。

上述的有机肥，可以单用，也可以混用，但不论怎么使用，在使用前必须将其充分腐熟发酵，并打碎捣细过筛，这样既可杀灭肥料中的虫卵和病原菌，又可避免大粒的生粪在育苗时烧伤幼苗根系导致死苗；同时有机肥充分发酵后，其中的有机质更方便幼苗吸收利用。

③化肥　常用的化肥有尿素、过磷酸钙、磷酸二铵、硫酸钾及镁、钙等大量元素肥料和硼、铜、锌、铁、钼、氯等微量元素肥料。

④杀虫、杀菌药　常用的杀虫剂有敌百虫、阿维菌素、吡虫啉等；杀菌剂有多菌灵、甲基硫菌灵、敌磺钠、甲霜灵等。

⑤其他　在南方红壤土等土质酸度较高的地区，配制培养土时可加入适量石灰，以中和酸度，同时增加土壤钙质。在土壤黏重的地区，营养土中加入10%～20%的粗沙或蛭石，可以提高土壤通透性。

(3)营养土的配方

①播种床　播种床营养土采用有机肥5份、园土5份配制，同时在每1000千克营养土中加入尿素0.2千克、磷酸二铵0.3千克、草木灰5～8千克、50%甲基硫菌灵可湿性粉剂或50%多菌灵可湿性粉剂100克、1.8%阿维菌素乳油1千克。

②分苗床　分苗床土具有一定的黏性，利于起苗时土坨不散。因此与播种床土相比要加大园土的用量，一般用有机肥4份，园土6份，其他肥料与药剂与播种床相同。

(4)营养土配制

①配制时间　营养土应在播种前60天配制。

②消毒处理 营养土的消毒是营养土配制的重要环节，主要方法：一是甲醛消毒。播种前 20 天，用 40%甲醛 200～300 毫升，加水 25～30 升，消毒营养土 1 000 千克。在营养土配制时边喷边混合，充分混匀后盖上塑料薄膜，堆闷 7 天后揭去覆盖物，再摊开晾 7 天左右，待气味散尽即可使用。为加快气味散发，可将土耙松。此法可消灭猝倒病、立枯病和菌核病病菌。二是高温消毒。夏秋高温季节，把配制好的营养土放在密闭的大棚或温室中摊开(厚度 10 厘米左右较适宜)，接受太阳光的暴晒，使室内土壤温度达到 60℃，连续 7～10 天，可消灭营养土中的猝倒病、立枯病、黄萎病等大部分病菌。三是化学药剂喷洒床面消毒。用 50%多菌灵可溶性粉剂或 70%敌磺钠可溶性粉剂 4～5 克，加水溶解，喷洒到面积为 1 米^2、厚 7～10 厘米的床土上，翻拌均匀。加水量以床土湿润情况而定，以充分发挥药效。

③操作要点及要求 一是在实际操作过程中，最好将多种消毒方法结合使用，以达到最佳的消毒效果。二是根据营养土配方把各种成分按比例加入后，充分混匀过筛。三是化肥只能在营养土堆制过程中混入使用，不能直接撒在苗床内。四是要注意营养土的酸碱度，如果所选肥料偏酸性，可根据实际情况加石灰进行调节；如果所选园土较为黏重，可掺沙子或木屑使土质疏松，过于疏松，要加入适量的黏土进行调节。

13. 苦瓜育苗播种及苗床管理技术有哪些?

(1)播种前的准备 撒播育苗的，在播种前 7～10 天，把配制好的营养土堆入做好的育苗床中，摊平压实，厚度 10 厘米左右，然后浇水，按要求划方待播。每平方米苗床约需营养土 120 千克。选择营养钵或穴盘育苗的，把配制好的营养土装入营养钵(穴盘)内，摆入做好的育苗床中。营养钵(穴盘)装土不可过满也不可过少，与钵（穴盘）口齐平即可（浇水后会自然下陷）。注意在装营养土时不要摁实，以自然状态为好。摆钵（穴盘）时要尽量摆齐摆平，不能过挤或过松，以便于进行管理。播种前1天，苗床要浇1次透水，再逐钵浇1次水。

（2）播种技术

①播种期　苦瓜播期是根据不同栽培茬次的适宜定植期及苗龄推算的，即播种期是定植期减去苗龄。不同栽培茬次适宜的定植期是基本确定的，所以播种期主要受苗龄长短的影响。而苗龄的长短主要由育苗设施、育苗季节、育苗技术和品种特性等情况来确定。一般情况下，早春茬苦瓜的苗龄为30（常规苗）～50天（嫁接苗）。夏秋季节苦瓜育苗，由于外界温度高、光照强，幼苗生长速度快，苗龄较短，一般为10～20天。冬季育苗，如果设施性能好，又采用电热温床进行育苗时，由于环境条件适宜幼苗生长，育苗苗龄短。穴盘育苗，由于营养面积相对较小，移栽时易引起伤根过重，影响缓苗和早期产量，应缩短苗龄。

②播种方法　常用的播种方法有撒播和摆播。苦瓜一般不采用撒播法播种，但嫁接育苗，常用撒播法。撒播法简单方便，但需种子量较大，同时要及时进行分苗。撒播前，先在浇过水的苗床上撒一层拌过药的干营养土，而后把经过催芽的种子均匀地撒播在苗床上，为使种子撒播均匀，最好是把种子与经过杀菌消毒的适量细沙混合后撒播。播后及时均匀地覆盖1～2厘米厚的营养土，然后覆盖地膜。采用营养钵、营养土方或穴盘进行育苗的要逐粒进行摆播。摆播前，同样要在浇过水的营养土表面撒一层拌过药的干营养土，而后把催过芽的种子，按每穴1～2粒摆入钵（穴）中，播种后覆盖1～2厘米厚的营养土。

③播种技巧　冬春低温季节播种时间应掌握在晴天的上午10时前结束，覆土厚度1厘米，阴天一般不播种。夏秋季节播种时间应掌握在晴天的下午5时以后或阴天，覆土厚2厘米。覆土

后，床面覆地膜，不但能保温、保湿，还能防鼠害。

④特别提示　播种前一定要在苗床表面撒一层拌过药的营养土，每平方米苗床用50%多菌灵可湿性粉剂5克，药土按1∶50的比例配制。这样做不仅可减少病害的发生，还可防止泥浆黏住种子，影响种子呼吸和出苗，同时又有利于种子胚根下扎；撒播时播种一定要均匀；播种时，催过芽的苦瓜种不可在外晾得过久，播后及时盖土，以免芽子失水过多，造成回芽。未播种的种子要用湿布包好；盖土时要把缝隙填上，特别是营养钵（穴盘）或土块之间的缝隙一定要填满，以免造成苗床水分过度丧失，影响幼苗生长；盖土厚度要适宜，不可过薄或过厚。盖土过薄，出苗时种皮不易脱落，会造成种子"戴帽"出土。盖土过厚，幼苗出土困难，轻的延长出苗时间，造成幼苗生长瘦弱或发病，严重者可使种子闷死不出苗；低温季节可用大棚套小棚，夜间加不透明覆盖物保温育苗。

（3）冬春季苗床管理

①温度　播种后出苗前，温度保持30℃～32℃。70%～80%的幼苗出土后，白天温度降至20℃～25℃、夜间15℃，以免幼苗徒长。幼苗第一片真叶展开后，白天温度保持30℃左右，夜间最低温度18℃，既利于根系的生长，又可抑制呼吸作用和地上部的生长，有利于培养壮苗。幼苗2片真叶后，逐渐降低床温，使床温逐渐接近外界温度，进行定植前的炼苗。另外，加大昼夜温差，有利于培养壮苗。

生产中应注意，阴雨天苗床温度可比晴天时低2℃～3℃，以防高温、弱照引起幼苗徒长。北方地区冬季及早春经常出现寒流天气，为防幼苗冻害，在遇到寒流时要通过火炕点火、电热线通电、暖风炉燃烧等措施增温，同时增加覆盖物的厚度。

②光照　冬春季节育苗，由于光照弱、光照时间短，苗床的光照普遍不足。白天要适当早揭草苫等覆盖物，让幼苗多接受阳光，晚间要适当晚盖草苫，以延长幼苗见光时间。另外，要经常扫除塑

料薄膜表面沉积的碎草、泥土、灰尘等，以保持塑料薄膜较高的透光率。在育苗后期温度较高时，可将塑料薄膜揭开，让幼苗接受阳光直射。揭膜时应从小到大逐渐进行，当幼苗萎蔫、叶片下垂时，要及时盖上薄膜，恢复正常后再慢慢揭开。连续阴天时，幼苗长期处于弱光条件下易黄化或徒长，只要棚温在10℃以上，仍要揭苫，使幼苗接受散射光。棚温特别低时可短时揭苫(边揭边盖)。久阴乍晴时，不透明覆盖物应分批揭去，使苗床形成花阴，也可随揭随盖。日光温室加暖风炉育苗时，连阴天后的第一个晴天，可先在幼苗叶片上喷水，再逐渐揭开草苫。

③肥水管理　在播种前浇足底水的情况下，苗床上应严格控制浇水。苗床湿度大，一方面会引起幼苗徒长，并易诱发病害；另一方面会影响根系的正常生长，发生沤根。苗床湿度较大时，应结合划锄进行散湿提温。在电热温床或火道温床育苗，水分蒸发量大，床土易失水干燥，应根据土壤水分情况及时补充水分，浇水时最好浇温水。正常情况下，一般不会发生缺肥现象。若发现缺肥，可结合浇水冲施0.1%～0.2%尿素溶液，也可叶面喷施0.2%磷酸二氢钾溶液+0.3%尿素溶液。

④中耕松土　苗床中耕松土可起到散发土壤水分、提高土壤温度的作用，并能使土壤疏松，促进根系生长。在齐苗后及幼苗破心后分别用特制钢丝钩或小耙子将幼苗周围的表土划松，防止土壤表面板结。另外，在每次浇水后，也应划锄1次。划锄要深浅适当，防止伤根，湿度太大时，划锄前应撒施干土或草木灰。划锄时注意不要碰伤幼苗。

⑤壮苗标准　苗龄30～35天，幼苗具3～4片真叶，苗高低于10厘米，下胚轴粗壮，子叶节位离地面不超过3厘米，子叶完整，真叶叶片厚，叶色深绿，无病虫斑，根系发育良好，主根和侧根粗壮，地上部分和地下部分均无损伤。

(4)夏秋季苗床管理　夏秋季天气或高温多雨或高温干旱，光照变化剧烈，病虫害发生严重。该期气温往往超过苦瓜生长的适宜温度，如果通风降温管理跟不上，过高的温度会造成苦瓜花芽分化不良，影响授粉坐瓜。夏秋季节一般降雨较多，容易造成地面渍涝。苦瓜最不耐雨淋和渍涝，雨淋和渍涝不仅直接冲击瓜苗造成叶部损伤，而且容易使幼苗发生病害。同时，夏秋季节，蚜虫、白粉虱、斑潜蝇等害虫活动猖獗，不仅直接危害幼苗，还传播病毒病。

①通风降温　在保证防雨的前提下，苗床周围的通风口要尽量开大，加强通风降温，防止幼苗徒长。一般大棚育苗只盖顶膜，四周大通风；小拱棚育苗，盖膜须离开幼苗 60～80 厘米。

②防雨淋和渍涝　在出苗前，苗床如果被雨水拍击，轻则造成土壤板结，重则种子被雨水冲出或冲走，对出苗或幼苗生长发育造成很大影响。生产中应覆盖塑料薄膜做防雨棚。降雨时或降雨后要及时排除积水，以防苗床被淹。

③摘“帽”及除草　及时摘除种子出土未脱去的种皮，保证子叶顺利展开，促进幼苗生长良好。及时拔除苗床上的杂草，以免影响幼苗的正常生长。除草可结合中耕进行，也可在播种后进行化学除草。

④防徒长　夏秋季节育苗，苗床温度、湿度等条件不易控制，极易造成幼苗徒长。对于发生徒长的幼苗，可喷施植物生长调节剂 PBO 可湿性粉剂 500 倍液加以控制。

⑤病虫害防治　夏秋季育苗，常发生炭疽病，多在连日阴雨、苗床湿度较大时发生。可喷 75%百菌清可湿性粉剂 600～800 倍液，或 64%噁霜·锰锌可湿性粉剂 800 倍液防治。出苗后，对苗床喷施 1.8%阿维菌素乳油 1 000 倍液，以后每隔 1 周喷 1 次。

⑥壮苗标准　苗龄 15 天左右，幼苗具 3 叶 1 心，苗高 15～20 厘米，茎粗 0.3～0.5 厘米，叶片肥壮，叶色绿或浓绿，无病虫害。根系发达、色白、充满营养钵。

14. 苦瓜穴盘基质育苗的技术要点有哪些？

(1)基质配方

①无机基质　一是100％沙子。用直径2毫米或0.6毫米的干净沙子作为基质。二是蛭石＋珍珠岩(1∶1)。蛭石质轻，含多种微量元素，但浸水后通透性较差，与珍珠岩配合使用效果很好。

②有机基质　一是100％草炭。草炭由植物残体腐化分解而成，富含有机质，同时草炭质轻，保水、保肥性好。二是100％木屑或100％锯末基质或木屑与锯末按一定比例混合。木屑和锯末保水性好，质地轻，是很好的育苗基质，但其分解速度较快，使用一段时间后要及时更换新料。三是100％食用菌废弃培养料。有机质含量丰富，透水、透气性好。四是稻壳、玉米秸、花生壳(粉碎)等1种或多种与腐熟有机肥(猪粪、牛粪等)按1∶1比例混合。稻壳、玉米秸、碎花生壳质轻，吸水保水性好，通透性好，加入有机肥后，是很好的育苗基质。

③混合基质　一是蛭石或珍珠岩与草炭按1∶2或1∶3的比例混合。蛭石和珍珠岩有良好的通透性与有机质含量丰富的草炭混合，是很好的育苗基质。二是草炭、细炉灰、细沙土按6∶2∶2的比例混合。炉灰与细沙的通透性结合有机质丰富的草炭，是良好的育苗基质。三是蛭石、草炭、食用菌废弃培养料按1∶1∶1的比例混合。此基质通透性好，保水保肥能力强，营养物质含量丰富。四是草炭、蛭石、炉灰(渣)按3∶3∶4的比例混合。此基质通透性好，营养较为丰富。

④其他基质　有机基质与无机基质的配比8∶2至2∶8范围内均可。如草炭与炉渣4∶6；向日葵秆粉、炉渣、锯末5∶2∶3；沙子、锯末、向日葵秆粉8∶1∶1；细沙、草炭、炉渣、锯末、向日葵秆粉5∶1.5∶1.5∶1∶1等。

(2)基质配制　无机基质要选用大小适宜的颗粒，有机基质如果使用作物秸秆，在使用前要粉碎，并进行检查，不能使用发霉变质的。基质选好后，按照配比进行充分混合，混合后进行消毒处理，消毒方法参考营养土配制部分相关内容。

为了保证基质营养充足，避免出现幼苗营养不良，应在有机基质和混合基质中，按每立方米基质混入干鸡粪 5～10 千克和磷酸二铵、硝酸铵、硝酸钾各 0.5 千克。

(3)营养液　基质的营养成分相对单一，特别是无机基质，不能满足苦瓜幼苗生长发育对养分的需求。营养液可以提供养分和水分，即使是营养成分相对较全的混合基质，浇灌营养液也能够有效地促进苦瓜的生长发育(在配制基质时加化学肥料的，只在苦瓜出现营养不良症状时，定向浇灌营养液)。

①苦瓜基质育苗常用营养液配方

配方一　1 000 升水加入尿素 400～500 克、磷酸二氢钾450～600 克、硫酸镁 500 克、硫酸钙 500 克。

配方二　1 000 升水加入尿素 400～500 克、磷酸二氢钾450～500 克。

配方三　1 000 升水加入磷酸二氢钾 400～500 克、硝酸铵 600～700 克。

配方四　1 000 升水加入硫酸镁 500 克、硝酸铵 320 克、硝酸钾 810 克、过磷酸钙 550 克。

②营养液配制要求

第一，营养全面。营养液要按照苦瓜对营养元素的吸收和需要进行配制。无机基质要使用全营养，有机基质和混合基质要根据基质的养分情况确定营养液的配比。如果基质是无机基质，如蛭石、细沙、珍珠岩等，或有机基质含有机质较低，如稻壳等，要加入微量元素。一般在 1 000 升营养液中加入硼酸 3 克、硫酸锌 0.22 克、硫酸锰 2 克、硫酸钠 3 克、硫酸铜 0.05 克。如果基质中草炭、食用菌废弃培养料等含量较高，则不用加入微量元素。营养液中必须完全具备苦瓜生长发育所需的各种大量元素和微量元素，且要都能溶解于水。选用的氮肥应以硝态氮为主，铵态氮用量不能超过总量的25%。

第二，浓度适宜。营养液浓度适宜，有利于苦瓜根系的吸收和利用。

第三，用软水。不能使用含钠离子和氯离子过多的水，最好是选用雨水或含矿物质元素较少的软水。

第四，不使用含氯的化肥。氯离子不易被苦瓜吸收和利用，造成积累后易与其他元素产生拮抗作用。所以，配制营养液时，不选用含氯的化肥。

第五，二次稀释。为便于肥料溶解，应先用少量水把肥料配成原液，再把原液加入水中进行二次稀释成为需要的浓度。注意不要把肥料直接加入水中，以免搅拌不匀或搅拌费时费力。

第六，现配现用。钙离子、硫酸根离子和磷酸根离子易结合形成难溶解的沉淀物，所以在配制高浓度的原液时，不要存放，最好现配现用。

第七，注意调节pH值。适宜苦瓜生长的pH值为6～6.5，配制时注意采用磷酸、硝酸或氢氧化钾、氢氧化钠进行调节。

第八，营养液配好后要进行过滤和消毒，常用消毒方法为高温处理或紫外线处理。

第九，营养液配制要尽量做到原料易购、价格低廉、配制简便、养分齐全、使用安全。

第十，在浇灌营养液时，最好能把其温度控制在20℃～25℃，以免对基质温度造成影响。

（4）苗期管理关键技术　由于基质的保水性相对较差，与营养土育苗相比，浇水次数要相对频繁。特别是营养钵和穴盘基质育苗，基质容量较少，更要增加浇水次数，并且播种前一定要浇透底水。

①低温季节育苗　冬春低温季节育苗时，播种后出苗前，要用地膜把营养钵（穴盘）覆盖，既保温又保湿，可以保证在种子出土前不用浇水。

②高温季节育苗　在夏季等高温季节育苗时，由于温度高，水分蒸发快，要小水勤浇，保持上层基质湿润，以利出苗。浇水量过大，种子易腐烂。出苗后，要控制浇水，以防秧苗徒长。随着幼苗的不断生长，要加大浇水量和次数，不能缺水，否则易形成老化苗。

③其他管理措施　当幼苗子叶完全展开后，需每天施用 1 次 1/3 浓度的配方营养液，在上午 10 时前或下午 4 时后进行。当幼苗长出 2 片真叶后，施用 1/2 浓度的配方营养液。随着植株的生长，逐渐增加营养液施用次数，并提高营养液的浓度，到定植前后可以按正常浓度浇施营养液。在低温季节浇施营养液时，最好把营养液温度控制在 20℃～25℃，以免对基质温度造成影响。

15. 苦瓜播种前如何进行种子处理？

（1）晒种　苦瓜播种前晒种具有促进种子后熟、提高酶的活力、降低种子内抑制发芽物质的含量、提高发芽率的作用。同时，阳光中的紫外线还可杀死附着在种子表面的病菌和虫卵，减轻病虫害。晒种应选择阳光充足的晴好天气，将种子均匀地摊在布单或席子上，白天经常翻动，连晒 2～3 天。

（2）温度处理　主要包括干热处理、低温处理和变温处理等。

①干热处理　把种子放在 50℃～60℃条件下处理 10～20 分钟，再进行催芽，可提高苦瓜种子的发芽率。

②低温处理　把浸涨后将要发芽的苦瓜种子放置在 0℃左右的低温条件下处理 1～2 天，既可促进种子发芽，又能提高苦瓜幼苗的抗寒性。

③变温处理　把将要发芽的苦瓜种子每天在 1℃～5℃条件

下放置12～18小时，再放到20℃条件下处理6～12小时，连续进行3～5天，既可提高苦瓜幼苗的抗寒性，又可加快幼苗生长发育速度。

（3）温汤浸种　用55℃左右温水浸种15～30分钟，温汤浸种可与浸种催芽结合进行。方法是先把种子放在凉水中浸泡一下，使病菌活化，然后将种子放入盆子或其他容器中，放入2倍于种子量的热水，并不断搅动，使种子受热均匀，当温度下降至45℃时，再倒入热水至55℃，达到要求时间为止。温汤浸种后把种子捞出放入30℃左右的温水中预冷后，进行浸种处理。

（4）药剂处理　苦瓜种子播种前用药剂处理，可以杀死潜伏在种子表面或种子内部的病原菌，减轻苗期病害。有些药剂还可以促进种子的发芽，影响幼苗或植株的新陈代谢，达到早熟或增产的目的。常用的处理方法有药剂拌种和药剂浸种。

①药剂拌种　药剂用量一般为种子重量的0.1%～0.5%，拌种时要注意药粉和种子充分拌匀，使所有的种子表面均附有药粉。每200克种子用20克益微菌剂拌种，可防治苦瓜苗期立枯病、猝倒病、枯萎病、根腐病等多种病害。

②药剂浸种　生产上常用方法：一是用40毫克/千克赤霉素溶液浸种24小时，可有效提高苦瓜种子的发芽率和发芽势。生产中要严格掌握使用浓度，否则苦瓜雌花分化减少，影响正常授粉结果。二是用油菜素内酯1 500倍液浸种24小时，能促进细胞伸长和分裂，提高种子发芽率和发芽势。三是过氧化氢溶液（双氧水）浸种。双氧水浸种可提高种子的通透性，改善发芽环境，提高种子的发芽率及整齐度。一般用0.15%双氧水浸种3小时，浸种后将种子用清水冲洗干净再催芽。四是高锰酸钾浸种。高锰酸钾溶液具有很强的杀菌消毒作用，对防治苦瓜苗期病害效果良好。用800～1 000倍液浸种2～3小时，用清水冲洗干净后催芽或晾干后播种。五是杀菌剂浸种。常用药剂为50%多菌灵可湿性粉剂500

倍液，或 70%甲基硫菌灵可湿性粉剂 1 000 倍液，或 72%硫酸链霉素可溶性粉剂 300～500 倍液，或 4%氯化钠 30 倍液，浸种 20 分钟左右。

(5)机械处理　主要是人工破壳，以利于种胚吸水发芽，提高苦瓜的发芽率和发芽势。

(6)催芽　苦瓜种子催芽方法有恒温催芽、变温催芽、低温或变温处理。

①恒温催芽　苦瓜种子浸泡取出后，用潮湿的纱布或毛巾将种子包好，放置在 25℃条件下催芽。催芽时应每天检查 1 次，注意保持适宜的湿度和通风条件。

②变温催芽　苦瓜种皮较厚，吸水困难，常规催芽发芽慢，发芽势和发芽率较低。采取变温催芽法，可显著提高发芽率和发芽势。具体做法是：先将浸种处理后的种子晾干，用尖嘴钳子把种子的喙处磕开，把磕开后的种子放入小纱布袋内，置于塑料袋中并扎紧口。塑料袋内要充满空气，以利于种子新陈代谢时对氧气的需求。然后把种子袋放在保温、保湿的通风处，白天保持 33℃～35℃较高温度 10～12 小时，夜间保持 15℃～25℃较低温度 12～14 小时进行催芽。调温时要松开种子袋口进行换气，并检查种子是否缺水，以保持塑料袋内壁有露珠为宜。连续催芽 3～4 天，发芽率达到 80%以上，连续催芽 6～7 天发芽率达 90%以上。

③低温加变温处理　为提高苦瓜幼苗的抗逆性，应在苦瓜种子萌动后进行低温或变温处理。方法是：先将萌动种子置于1℃～2℃的低温环境中 12 小时，然后将种子置于 25℃左右的中温环境中 12 小时。连续进行 3～4 天。经过处理的种子发芽粗壮，幼苗抗寒能力增强，有利于培育壮苗。

16. 苦瓜直播栽培的播种方法是什么？

（1）条播法　指播种行成条带状的播种方式。采用人工条播时，先按一定行距开挖播种沟，然后按一定的株距均匀播下种子，并随即覆土。也可采用机械播种。按播种行播幅宽窄不同，分等行条播和宽窄行条播两种方式。苦瓜条播的优点是种子分布均匀，出苗整齐，便于栽培管理和机械化作业，但用种量多。

（2）穴播　又叫点播，是人工按一定的行距和穴距挖坑，每穴点播 2～3 粒种子，随后覆土的播种方法。用点播器按一定行距和穴距点播，可节省人工。穴播的优点是穴距增大，有良好的通风透光条件，可提高光合效率；每穴内种子集中，拱土能力强，出苗齐；便于铲耥，消灭株间杂草；节约种子。

条播法和穴播法各有利弊，应根据具体情况，灵活运用。

17. 苦瓜苗期常见问题及处理方法是什么？

（1）发芽率低　种子发芽率低既有内因也有外因。内因主要是种子的成熟度低或种子陈旧及种皮厚、种嘴尖硬等。外因主要是催芽环境包括温度过低、种子浸泡不良（吸水不足或过多）或透气性不良等。处理方法参照苦瓜种子处理部分相关内容。

（2）出苗慢且不整齐　苦瓜种子陈旧或受伤、浸种时水分不足或过量、苗床土过干或过湿、播种时盖土过深或过浅、育苗床温度过低等均易造成出苗慢且不整齐。处理方法是及时查找原因，采取相应补救措施。如果覆土过深应及时除去多余的覆土，助苗出土。

（3）“戴帽”出土　播种时盖土过浅、苗床温度低致出苗时间太长、种子秕瘦拱土力弱等原因均易形成种子“戴帽”出土。可采取人工脱帽或向帽上喷水让其自行脱帽。

(4)苗弱　育苗床温度过低,出苗时间过长是造成苦瓜苗弱小的主要原因。苦瓜出苗前要采取措施,保持较高的地温,预防因床温过低致苦瓜苗瘦弱。若床土水分不足,应于上午12时前后用喷雾器向床面喷水,以补充土壤水分。

(5)徒长　出苗后苗床温度过高(尤其是夜温)、湿度过大和弱光的环境易形成幼苗徒长。可于中午时适当通风降温,并尽量增加光照。

(6)烂种　种子霉变、浸种时水温过高烫伤种子、浸种时间过长、病菌侵入、苗床低温高湿或种子与未腐熟的粪肥、饼肥或过量的化肥接触等原因均可造成烂种。生产中应针对易导致烂种的原因,严格把关,进行预防。

(7)沤根　苗床温度低、湿度大,致使苦瓜幼苗生长环境恶化而出现沤根死苗现象。注意及时合理调整苗床温湿度。

18. 种植密度对苦瓜商品性有什么影响?

苦瓜栽培密度,应根据品种特性、气候特点、肥力水平及栽培方式等因素确定。一般生长势强、个体生产潜力大的品种宜稀植;生长势弱、个体生产潜力小的品种宜密植;冬春寒冷季节栽培宜密植,夏秋季节栽培宜稀植;低肥力水平地块宜密植,高肥力水平地块宜稀植;早熟栽培宜密植,丰产栽培宜稀植。

苦瓜种植密度直接影响苦瓜叶面积系数,从而影响苦瓜果实的商品性。栽培密度过大时,叶面积系数大大增加,田间郁闭,导致苦瓜因光照不足授粉不良或影响果实发育,出现畸形瓜,使商品率下降。栽培密度过稀,完全依赖个体生产潜力,只能靠分生大量侧蔓实现高产。一般主蔓结瓜较早,侧蔓结瓜较晚,依靠侧蔓结瓜不但影响前期产量,还会推迟盛产期,虽然单瓜的商品性高,但因产量低，而降低生产效益。

因此，生产中要根据不同的生产情况来确定苦瓜栽培的合理密度，既确保苦瓜果实生长发育良好，又要确保早熟、丰产。苦瓜早熟栽培，应选用早熟品种。一般早熟品种生长势弱分枝少，个体生产能力较弱，可通过增加密度弥补个体生产能力之不足，实现早熟高产优质，一般每667米^{2}栽植2 000株左右；苦瓜高产栽培，多选用生长势较强、个体生产能力大的苦瓜品种。主要是靠发挥苦瓜群体和个体综合增产潜力达到高产，一般每667米^{2}栽植1 000～1 200株；苦瓜网式栽培，宜选用生长势强、瓜大顺滑、商品性好、个体生产潜力大的苦瓜品种。一般每667米^{2}栽植800株左右。

19. 苦瓜植株调整技术有哪些？

苦瓜植株枝叶生长繁茂，为了防止枝叶相互遮阴，要进行植株调整。植株调整包括摘心、整枝、打杈、摘叶、束叶、疏花、疏果、压蔓、支架、绑蔓及人工辅助授粉等。

（1）支架引蔓

①篱架（缆式）　在畦面靠近植株处，每株苦瓜直立竹竿1根，每根竹竿每隔50厘米高再绑一道横竿，或每株苦瓜绑吊绳1根，吊绳下部拴住茎基部，上部绑在预拉的竹竿或钢丝等物上。

②人字架　人字架是在植株外侧靠近畦边，插高2～3米、直径1～2厘米的竹竿（木杆或12号钢筋），将畦两边竹竿向中间交叉，在交叉处绑扎成为人字架。为使架牢固，可在人字形交叉处再绑一道横竿。

③鸟巢架　竹竿插在植株外侧，每株1竿，然后将4根竹竿顺序绑扎在一起。这种方式顶部枝蔓集中在一起，通风透光较差，影响后期产量。

④棚架　棚架所用材料最好是基部直径4厘米以上的竹竿，基部深插入土后，尖梢与畦对面的竹竿尖梢对接捆绑，做成高度为1.8米的隧道形拱棚架，然后在拱棚架的两腰各加一横拉杆，以确保棚架的稳固性。注意不能做成平棚架，因为拱形棚架所能提供的光合作用面积远大于平棚架。因中后期挂果量剧增，原棚架无法承受，要及时在棚架下用大量立杆支撑，以防倒架，尤其是降雨天气更要及时扶稳棚架，以免倒架。

生产中可利用日光温室、塑料大棚的骨架作棚架，也可单独搭架。苦瓜叶蔓繁茂，生长结瓜期长，常采用棚架式种植。

⑤景观架　根据个人喜好，可将架形做成诸如孔雀开屏形、天女散花形、夫妻恩爱形、四世同堂形、全家和睦形、扇形、窗帘形等。

⑥网架　网架引蔓是最适宜苦瓜商品性生产的方式，方法见苦瓜网式栽培技术部分相关内容。

(2)整枝、摘心、打杈

①整枝　使枝蔓繁生的植株形成最适宜的枝蔓数目，称为整枝。整枝应结合品种结果习性、种植方式、种植密度、地力水平、供应市场要求等进行。在苦瓜生长后期将采收过果实的枝蔓剪去一部分，有利于田间通风透光，减少病虫害的蔓延，以提高苦瓜商品性。

②摘心　植株生长到一定时期时摘除顶芽，称为摘心或打顶。苦瓜是雌雄同株异花植物，按结瓜习性不同分成3类。第一类以主蔓结瓜为主，主蔓发生雌花早，主蔓结瓜多，侧蔓结瓜较少。在种植时，通常只留主蔓，将侧蔓全部除去。第二类以侧蔓结瓜为主，侧蔓发生雌花早，一般利用侧蔓结瓜。为了促进侧蔓及早发生和结瓜，当主蔓6片叶左右时进行第一次摘心，侧蔓结瓜后进行第二次摘心。第三类是双蔓式和三蔓式，就是除保留主蔓外，在植株基部生长出的1～5条侧蔓中选留1～2条健壮的侧蔓，其余侧蔓全部除去，在主蔓和侧蔓上同时留瓜。

③打杈　摘除无用的腋芽称为打杈，苦瓜应及时打杈，以保证植株间的通风透光，并减少营养消耗。

④摘叶　植株下部的老叶，同化作用微弱，以至同化物质的合成少于其本身呼吸作用的消耗。在苦瓜生长后期将下部的老叶摘去一部分，有利于下部空气流通，减少病虫害的蔓延，提高苦瓜商品性。

(3)人工辅助授粉　为保证结果，苦瓜需要进行人工辅助授粉。其方法是：晴天在 8～10 时，阴天在 10～16 时，摘取有花粉散出的雄花，去掉花冠，轻轻涂抹雌花的柱头，1 朵雄花可为 2～3 朵雌花授粉。

20. 秋冬茬苦瓜栽培的技术要点有哪些？

秋冬茬苦瓜露地栽培，主要集中在两广和海南一带，华南一带多于 8～9 月份播种，海南三亚地区于 9～10 月份播种。黄淮至长江流域秋冬茬苦瓜栽培，一般在 7～8 月份采取遮阴避雨措施进行露地育苗，8 月中下旬至 9 月上旬定植，前中期可在塑料大棚或日光温室内进行露地栽培，后期气温下降覆膜进行保护地栽培。主要供应初冬和元旦、春节市场。

(1)品种选择　秋冬茬苦瓜播种至坐瓜初期处于高温季节，结瓜盛期处在低温和寒冷期，所以此茬苦瓜应选用前期耐热性较强、结瓜期耐低温性较强的中晚熟或晚熟品种。同时，考虑其生长期的长短，应选择在 10 叶节前后发生雌花的品种。生产中可选择曼谷青皮苦瓜、绿王苦瓜、湘丰 1 号、湘丰 3 号等品种。

(2)育　苗

①选择适宜播期　秋冬茬苦瓜栽培，在霜降前完成营养生长量的 90%，气温降低时已进入结果期，一直收获到元旦前后。播种过早，在前期高温阶段植株生长快、结瓜早，进入低温期后植株容易衰老，抗逆能力差，影响结瓜，产量低，效益差；播种过晚，前期

温度适宜时，植株生长量小，进入低温期时，植株营养面积小，结瓜迟，总产量很低，经济效益也很低。各地应根据实际情况，选择适宜的播期。

②遮阴防雨育苗　秋冬茬苦瓜育苗期正值高温多雨季节，苗床应设置拱棚，覆盖遮阳网进行遮阴降温和防雨育苗。可选用遮阳率60%的遮阳网覆盖，采用营养钵育苗。

(3)定植　选择晴天下午或阴天定植，定植后浇足定植水，过1天再补浇1次缓苗水。浇水时避开高温时间，应选择在傍晚或早上进行。浇水后土壤能中耕时抓紧时间中耕和封垄，封垄应在早上进行。根据实际栽培时的地温测量，早上封垄时土埂的温度在20℃～22℃；下午封垄时土埂的温度可达25℃～28℃，不适宜苦瓜的根系迅速生长。封垄后，地面再覆盖2～3厘米厚的作物秸秆或草，既可降低地温，防止土壤水分蒸发，还可防止杂草生长和土壤板结。

(4)定植后的管理

①结瓜前的管理　一是养根护叶。中耕松土除草，提高土壤通气性，促进根系下扎。二是控制植株徒长。秋冬茬苦瓜前期在高温强光条件下，多数品种很少发生侧蔓，主蔓生长很快，若不采取有效的控制措施，容易出现主蔓徒长而推迟结瓜时间。管理上以控为主，甩蔓期可用25%缩节胺水剂10毫升对水12升喷洒植株，15天后根据情况再喷1次。三是肥水管理。结瓜前只要秧苗长势壮叶片不萎蔫，一般不浇水。土壤保水保肥能力差，秧苗长势弱，或结瓜晚的品种，应进行浇水追肥，但浇水量不宜过大，结合浇水每667米^{2}冲施三元复合肥10～15千克，或施腐熟的饼肥、鸡粪等250～300千克。四是整枝吊蔓。苦瓜主蔓伸长至30～40厘米时，要及时用麻绳将主蔓吊起，吊绳上方拴在用铁丝搭的棚架上。五是理蔓。将主蔓下部抽发的侧蔓、卷须及时去掉，以减少养分消耗，促进主蔓生长。

②结瓜期的管理　一是肥水管理。结瓜后一般每隔10～15天浇1水，隔1水追1次肥，每次每667米^{2}可追施三元复合肥20千克，或尿素15千克、硫酸钾15千克或冲施苦瓜专用肥10千克。低温阴雨天浇水周期可适当延长。根据土壤养分状况，可增施钙、锌、硼、镁等微量元素肥，以满足苦瓜高产的要求。二是温度管理。结瓜期白天棚室温度控制在25℃～30℃，高于32℃可适当通风，夜间保持在15℃～18℃，最低不宜低于12℃。如达不到上述要求温度，要采取增温保温措施，如加厚墙体、在内墙加保温板、加厚覆盖物等，有条件的可考虑采取人工加温。三是植株调整。保持主蔓生长，当主蔓第一雌花出现后，在其下相邻部位留2～3个侧枝，与主蔓一起吊蔓上架，下部其他侧枝应及时去掉；之后再发生的侧枝(包括多级侧枝)，有瓜即留枝，并在瓜后留1片叶打顶，无瓜则将整个分枝从基部剪掉。以控制过旺的营养生长，改善通风透光条件，增加前期产量。各级分枝上出现较多雌花时，可去掉第一雌花，留第二雌花结瓜。一般第二雌花结的瓜大，品质好。四是人工授粉。苦瓜为雌雄同株异花、虫媒花、单性结实能力差的植物类群，日光温室内通风不良，空气湿度大，缺少昆虫活动，不利于花粉的传播及雌花的授粉。生产中必须采取放蜂或人工辅助授粉等措施，以提高坐瓜率和瓜条的商品性。人工授粉宜在晴天上午9～10时进行，选择当天开放的雄花和雌花，授粉时先摘除雄花，去除花冠，将花药轻轻地涂在正在开放的雌花柱头上即可；也可用毛笔蘸取雄花的花粉，给正开放的雌花柱头轻轻涂抹，进行授粉。

(5)采收　秋冬茬苦瓜生产期内气温逐渐降低，植株生长速度越来越慢，但市场苦瓜产品价格则天天上涨。根据这个规律，秋冬茬苦瓜应适期向后推延采收，特别是在气温较低时，每棵植株上保留2～3个商品苦瓜推迟采收，利用植株活体挂瓜贮藏，推迟到元旦或春节时集中采收上市，可以极大地提高苦瓜商品性和栽培效益。

21. 日光温室冬春茬苦瓜栽培的技术要点有哪些?

我国北方地区和长江流域,利用日光温室进行冬春茬苦瓜栽培,产品上市时间可以赶在元旦或春节的黄金时间,前期产量少,但产值高,效益好。播种时间需根据当地的气候条件和不同的日光温室栽培条件而定,北方地区 9 月中旬播种,春节前即可采收上市。

(1)品种选择　选择早熟性好、生长势强、耐低温弱光、瓜皮浅绿色或白色、苦味稍淡的品种为宜,如株洲长白苦瓜、广汉长白苦瓜、长身苦瓜、蓝山大白苦瓜、湘丰 1 号等。

(2)嫁接育苗　日光温室冬春茬苦瓜栽培,应采用嫁接育苗。用云南黑籽南瓜或 90-1 作砧木,能提高苦瓜根系耐寒性,植株在 10℃低温条件下可正常生长,达到苦瓜早上市的目的。嫁接方法参见苦瓜嫁接育苗技术部分的相关内容。定植前 5～7 天进行低温炼苗(白天温度保持18℃～20℃、夜间 10℃～12℃),目的是提高幼苗对外界环境的适应性。要求的适宜苗态是:苗龄 40 天左右,苗高 20 厘米,4 叶 1 心,叶片厚,叶色浓绿,根系发达,根色洁白,无病虫危害。

(3)定植　北方地区一般在 10 月下旬定植。定植前结合整地每 667 米^2 施腐熟有机肥 8～10 米^3,将地整平做畦或垄。定植深度以露出嫁接口 1～2 厘米为宜。

(4)定植后的管理

①温度管理　缓苗期间基本不通风,室温白天保持 30℃～35℃,超过 35℃时可于中午通小风,夜温不低于 15℃。缓苗后开始通风,白天温度控制在 25℃～28℃、夜间 12℃～15℃。结瓜期白天温度 28℃时通风,24℃时关闭通风口,浇水后温度达到 30℃时再通风,夜温控制在 13℃～17℃。若温度低于 10℃,应采取增

温措施，如加盖草苫、人工加温等。

②光照管理　冬春季节经常出现低温和寡照天气，要加强室内光照管理。为了延长光照时间和加大进光量，在温度条件许可的情况下，早晨尽量早揭开草苫，下午晚些盖草苫，每天揭开草苫后清扫棚膜，每隔 10～15 天擦洗 1 次棚膜，始终保持膜面清洁，以利于透光。阴雨雪天也要揭开几条草苫，让散射光进入室内。日光温室冬春茬栽培，缺乏经验的菜农在低温阴雨天气往往只顾保温，3～5 天不揭草苫，天气转晴后，拉开草苫则会出现死秧现象。生产中有条件的可在日光温室内吊白炽灯或碘钨灯，每隔 8～10 米 1 盏，可以起到一定的补光作用。

③肥水管理　在低温时期，应适当控制浇水，只要保证行间土壤湿润即可。低温季节多施农家肥，适当增施钾肥可以提高苦瓜抗寒和抗病能力。温度回升后，保证充足的肥水，可以满足植株生长和开花结果的需要。苦瓜植株前期生长弱，生长量小，在施足基肥的情况下，一般不追肥，田间管理以中耕松土、保墒提温为主。进入开花结瓜期，需肥量迅速增加，可在现蕾期、开花结瓜期和始收期分别进行追肥，每次每 667 米^2 施三元复合肥 25 千克。结瓜盛期要勤施重施肥，一般每 15 天追肥 1 次，每次每 667 米^2 施三元复合肥 15～25 千克，此期外界气温升高，追肥、浇水可结合进行。注意连阴天或特别冷的天气不宜浇水。

④揭膜　4～5 月份后，天气转暖，应逐渐去掉棚膜、草苫等覆盖物。苦瓜的生长势极强，这茬苦瓜直至 7～8 月份仍能良好生长并开花结瓜。此期一般也不再整枝，只要及时摘除老叶、病叶，加强肥水管理，保证通风透光，即可连续采摘苦瓜果实。

⑤气体管理　苦瓜在低温寡照、空气湿度过大条件下，会诱发疫病、灰霉病等病害，故低温期应不断通风排湿。另外，温室空间小，施肥量大，在有机肥分解过程中会释放出大量有害气体，通风还可以排除有害气体，放进新鲜空气，既可防止有害气体对植株的

危害，又可补充二氧化碳，促进光合作用。日光温室冬春茬苦瓜栽培应人工增施二氧化碳气肥，具体方法参照二氧化碳施肥技术部分的相关内容。

⑥整枝理蔓　主蔓长至40～50厘米应及时进行整枝吊蔓。具体做法是：先顺行设置吊蔓铁丝（14号铁丝），之后东西向拉紧吊蔓铁丝，按定植株距每一株拴1条尼龙绳，用于吊挂苦瓜茎蔓的基部。吊蔓要选择在晴天中午前后进行，并把第一雌花下的侧蔓全部摘除。结瓜期发现有雌花的侧蔓，在雌花前留1叶摘心，以增加产量。苦瓜茎蔓细，应每30厘米左右绑1次。开始绑蔓可采用"S"形上升方式，以便压低瓜位。在绑蔓过程中，除摘除不必要的侧枝外，应注意及时摘除卷须和多余的雄花，以减少营养消耗。中后期要摘除下部黄叶和病叶，以利于通风透光。提高光合效率。

⑦人工授粉　日光温室冬春茬苦瓜栽培应采取人工授粉以提高坐果率。

⑧果实套袋　苦瓜果实套袋后，白绿色苦瓜可变为纯白色，晶莹光洁，美观可爱，皮薄肉嫩。因此，坐瓜后可用黑塑料袋或纸袋套瓜，以提高苦瓜的商品性。

(5)采收　该茬苦瓜对采收成熟标准要求不严格，嫩瓜、成熟瓜均可食用，但一般多采收开花后12～15天的中等成熟果实。采收过嫩，瓜个未充分长成，瓜肉硬，营养积累不足，苦味浓，产量低。采收过熟，其顶部转变为黄色或橘红色，肉质软绵，苦味变淡稍甜，品质降低。

①青皮苦瓜　以果实充分长成，果皮上的条状和瘤状粒迅速膨大并明显凸起，显得饱满、有光泽，顶部的花冠变干枯、脱落为宜。

②白皮苦瓜　除达到青皮苦瓜的特征外，果实的前半部分明显的由绿色转为白绿色，表面呈光亮感时，为采收适期。

③采收方法　用手直接采收，易撕裂或损伤植株或果实，应使

用剪刀从果实基部剪下。采收应在露水干后进行，以晴天上午10时左右为宜。

22. 大棚早春茬苦瓜栽培的技术要点有哪些?

(1)品种选择　选择早熟、丰产、耐低温性较强的品种，如蓝山大白苦瓜、春帅苦瓜、碧绿苦瓜、湘早优1号等。

(2)培育壮苗　大棚早春栽培苦瓜，应在日光温室中育苗，苗龄40～50天。华北地区一般于1月上旬至2月上旬播种，电热温床育苗。先按要求把电热线铺好，把装入营养土的营养钵摆在电热温床上，浇透水，再把催出芽的苦瓜种子单粒播在营养钵内并覆土，苗床上加盖临时小拱棚保温。幼苗未出土前，使苗床温度保持28℃～30℃，子叶出土后，温度白天降至26℃～28℃、夜间16℃～18℃，防止幼苗徒长。幼苗2～3片真叶时，把夜间温度降至13℃～15℃，以促进雌花分化，降低雌花节位，达到早结瓜的目的。在定植前7～10天，苗床停止加温，小拱棚撤掉，同时白天棚室通风，进行低温炼苗，以提高幼苗的抗寒能力，适应定植后新的环境条件。

(3)整地施肥　定植前10～15天，结合整地施足基肥，每667米^{2}施腐熟有机肥5 000千克左右、磷肥150千克，酸性土壤施钙镁磷肥，中性或碱性土壤施过磷酸钙。将地整平做畦或垄，准备定植。

(4)定植　一般要求大棚内10厘米地温稳定在15℃以上时定植。华北地区在3月底定植，东北地区4月上中旬定植。选晴天上午定植，栽苗深度以幼苗子叶平露畦面为宜。在栽苗时要尽量挑选壮苗，淘汰病苗、弱苗、畸形苗。定植后及时浇足定根水，然后闷棚升温或采用单株支小拱棚保温，促使尽快缓苗。

大棚早春茬苦瓜栽培，每667米^{2}栽1 800～2 500株。栽植时把塑料钵脱掉，按0.5米的株距开穴单株摆苗，摆后稳坨，浇透水，水渗下后封埯。栽后第二天中午前后趁秧苗萎蔫时进行地膜覆盖。盖膜时先把膜的四周用土压上，再在秧苗上方划“十”口把秧苗引出，然后把地膜开口处用土封严；也可先覆地膜后栽苗。做垄时2小垄上可覆盖一幅地膜。

(5)定植后的管理

①温度管理　定植初期要保持较高的棚温，以利于缓苗。一般定植后的2～3天内闭棚，棚温白天不超过35℃不通风，晚上不低于15℃。缓苗后加强保温、防冻、通风和放热等管理。缓苗至开花期间，白天棚温保持在20℃～25℃、夜间12℃～15℃。开花结瓜期，棚温白天保持25℃～30℃、夜间12℃～15℃。若遇严寒天气棚内夜温低于10℃时，应采用明火加温等措施增温。外界气温在15℃以上时可揭掉大棚边膜昼夜通风，顶膜可一直保持到采收结束。

②肥水管理　结瓜前控制浇水，以免降低地温。进入结瓜期，每7～10天浇1次水，并隔水施肥，每次每667米^{2}冲施三元复合肥10～15千克。

植株调整等其他管理方法与日光温室冬春茬苦瓜栽培方法相同。

23. 露地苦瓜栽培的技术要点有哪些？

(1)品种选择　生产中应选择适合露地栽培的苦瓜品种，如大顶苦瓜、蓝山大白、春早1号、绿宝石等。具体可参考苦瓜的品种选择与苦瓜商品性部分的相关内容。

(2)播种育苗　苦瓜露地栽培，有春夏茬和夏秋茬2种栽培模式。一般春夏茬栽培在当地终霜期前30～50天，提早在保护地内播种育苗，终霜后定植到露地。夏秋茬栽培的可在定植前15～25

天在露地育苗。苦瓜种子种壳厚而坚硬，播种前先嗑开种壳，再用温水浸种15分钟，在30℃温水中浸种1天，浸种后捞出种子，置于30℃～33℃通气条件下催芽，出芽后播种。

(3)整地施肥　定植前结合整地每667米^{2}施腐熟有机肥2～3米^3、三元复合肥30千克，将地整平做畦或垄准备定植。

(4)定植　当幼苗长至4～5片叶、日平均气温稳定在18℃以上时进行定植。一般每畦栽2行成为1架，株距为33～50厘米，每667米^{2}栽苗1600～2400棵。栽苗时要注意挑选壮苗，淘汰无生长点苗、虫咬伤苗、子叶歪缺的畸形苗、黄化苗、病苗、弱苗、散坨伤根的苗。选择晴天上午，按规定的株距开穴把苗摆好，脱下营养钵，埋土稳坨，栽苗深度以幼苗子叶平露地面为宜。栽完苗后及时浇定植水，促缓苗，早发棵，早结瓜。

(5)中耕除草补苗　苦瓜为蔓生蔬菜，常采用插高架爬蔓栽培法。生长期间要注意中耕松土除草。一般在浇过缓苗水后，待表土稍干不发黏时进行第一次中耕，如果遇大风天或土壤过于干旱，则可重浇1次水后再中耕。第一次中耕时，要特别注意保苗，瓜苗根部附近宜浅锄，千万不能松动幼苗基部，距苗远的地方可深耕至3～5厘米，行间可更深些。第二次中耕在第一次之后10～15天进行，如果土壤干，应先浇水后中耕，这次中耕要注意保护新根，宜浅不宜深。中耕技巧是头遍浅，二遍深，以后逐渐远离根。当瓜蔓伸长至0.5米以上时，根系基本布满行间，同时畦中已经插了架，就不宜再进行中耕了。但要注意及时拔除杂草。

在第一次中耕松土时，发现有缺苗或病、弱苗时，要及时补栽或换栽。

(6)及时插架　缓苗后，当瓜秧开始爬蔓时，应及时插架引蔓。一般大面积栽培时，以插“人”字架为宜。在庭院或院旁栽培苦瓜，可搭成棚架或其他具有特殊风格的造型架，既可爬蔓，又有美化环境、供夏季消暑乘凉和观赏花果的作用。注意插架要坚实牢固。

(7)整枝打杈　苦瓜主蔓的分枝能力极强,如果植株基部侧枝过多,或侧枝结瓜过早,便会消耗大量的营养,妨碍植株主蔓的正常生长和开花结瓜。因此,要进行整枝打杈,摘除多余的或弱小的枝条。植株爬蔓初期,人工绑蔓1～2道,可引蔓成扇形爬架,以利于主、侧蔓均匀爬满棚架,互不遮阴。绑蔓时将主蔓1米以下的侧芽摘掉,只留主蔓上架。也可选留几条粗壮的侧蔓开花、结瓜,其他的弱小侧枝均应摘除。苦瓜生长中期,枝叶繁茂,结瓜也多,一般放任生长,不再打杈。生长后期,要及时摘除过于密闭和弱小的侧枝和老叶、病叶,以利于通风透光,延长采收期。

(8)肥水管理

①苗期追肥　在缓苗成活后,每667米^{2}随水冲施尿素10千克,进行提苗。搭架前,结合培土每667米^{2}追施三元复合肥20千克。

②初瓜期追肥　苦瓜的雌花较多,可连续不断开花结瓜,陆续采收,消耗水肥较多。生产中除施足基肥外,进入结瓜期要重视追肥。从结瓜初期开始,每隔15～20天每667米^{2}追施三元复合肥15～20千克。

③盛瓜期追肥　盛瓜期追肥可采取浇施或埋施,施肥位置最好远离植株80厘米左右。追肥应每15天左右1次,每次每667米^{2}冲施硫酸钾5千克、过磷酸钙10～15千克、尿素10～15千克,也可配合腐熟的饼肥直接在畦中间开沟埋肥。同时,可叶面喷施0.2%～0.3%磷酸二氢钾溶液+0.1%氨基酸溶液。

④及时浇水　苦瓜喜湿但不耐渍,生长期间应注意及时清沟排水。在盛瓜期要保证水分的充足供应,一般每隔7天左右灌水1次,灌水量以沟深的2/3为宜。

七、病虫草害防治与苦瓜商品性

1. 影响苦瓜商品性的生理性病害有哪些？如何防治？

(1)畸形瓜　瓜条发育过程中，向一侧弯曲形成弯曲瓜；近肩部瓜把粗大，前段细小形成尖嘴瓜；瓜条中间细、两头粗形成蜂腰瓜等，这些畸形瓜不仅影响苦瓜的产量，而且严重降低其商品性。

①发病原因　一是与品种特性有关，有的品种畸形瓜多。二是幼苗期花芽发育时，光照不足、营养不良。三是花期授粉受精不完全。四是高温干燥条件下，植株衰老，果实营养不良。五是在生长过程中肥水条件变化剧烈等。

②防治方法　根据栽培地区、栽培条件、栽培季节等，选用适宜的品种，施足基肥，合理增施磷、钾肥；控制好温度，创造有利于光合作用的条件，多合成光合产物，促进秧、瓜协调生长。

(2)裂瓜　瓜条上出现小裂口，裂口呈褐色干枯状，严重影响苦瓜商品性。

①发生原因　昼夜温差大，干物质积累多，瓜条生长快，在白天高温、夜间低温的情况下，瓜条内外生长速度不一致，出现的“紧皮”现象，容易引起裂口。

②防治方法　肥水供应要均匀，根据土壤墒情浇水，不要旱涝不均。加强管理，创造适宜苦瓜生长的温、光条件，并适时采收。防病时谨慎用药，三唑类药剂会妨碍苦瓜表皮的发育，加重裂口发生的程度。喷洒膨大素、细胞分裂素等，可提高苦瓜果实表皮活性，减少裂瓜的发生。

(3)化瓜　表现为虽然形成雌花,但由于种种原因没有长成果实。

①发生原因　一是雌花过多,营养供应不足,造成落花落果;过分密植和瓜秧生长过旺造成田间郁闭引起化瓜。二是夜温过高,施用过多的氮肥,植株呼吸作用增强,导致徒长,尤其是开花坐瓜期,光合作用下降,雌花和幼瓜缺乏营养物质而引起化瓜。三是温度调控不合理,温度过高、过低都可造成化瓜。四是采瓜不及时,影响养分均衡向幼瓜输送,特别是下部成瓜不及时采收,出现坠秧而化瓜。五是喷洒不适宜的农药或配药浓度过高,或受到有害气体危害,导致叶片正常的生理活动被破坏,以及病虫危害造成的功能叶功能衰竭等,植株所制造的有机养分,不能满足幼瓜发育需要时,就发生化瓜。

②防治方法　选择优良品种;合理密植,改善植株的通风透气条件,提高光能利用率;加强肥水调控,定植后浇缓苗水,以后不再浇水,进行蹲苗;调节温、湿度,增加植株营养;及时摘除根瓜和达到商品成熟的瓜,以便减少不必要的养分消耗,对畸形瓜,如大肚瓜、尖嘴瓜等应尽早摘除,以免影响正常瓜的生长。

2. 如何防治苦瓜枯萎病?

苦瓜枯萎病俗称蔓割病、萎蔫病,是苦瓜的主要病害之一,在老菜区或重茬瓜田发生严重。一般田间病株率8%～15%,个别地块或棚室病株率可达70%以上,严重影响苦瓜生产。

(1)危害症状　苦瓜全生育期均可发病,以伸蔓期至结瓜期发病最重。发病初期植株叶片由下向上褪绿,后变黄枯萎,最后枯死,剖开茎部可见维管束变褐。有时根茎表面出现浅褐色坏死条斑,潮湿时表面可产生白色至粉红色霉层,后期病根腐烂,仅剩维管束组织。

(2)发生规律 病菌以厚垣孢子或菌丝体在土壤、肥料中越冬,翌年产生的分生孢子通过灌溉水或雨水传播,从伤口侵入,并进行再侵染。低洼潮湿、水分管理不当或连绵阴雨后转晴、浇水后遇大雨、土壤水分忽高忽低、幼苗老化、连作、施用未腐熟的有机肥及根结线虫危害等均易发病。

(3)防治方法

①嫁接栽培 利用黑籽南瓜或丝瓜作砧木,苦瓜良种作接穗嫁接栽培,是防治苦瓜枯萎病的最有效的方法。

②农业防治 与非瓜类作物实行5年以上轮作;施用充分腐熟的有机肥;选育无病土育苗,提倡穴盘无土育苗;加强管理,提倡小水勤浇,避免大水漫灌。适当中耕,提高土壤通气性,使根系健壮成长,增强抗病性。

③种子处理 播种前用40%甲醛100倍液浸种30分钟,或用50%多菌灵可湿性粉剂500倍液浸种1小时,取出后再用清水冲洗干净,然后进行催芽,可以减轻枯萎病的发生。

④药剂防治 发病初期可选用50%苯菌灵可湿性粉剂800～1 000倍液,或54.5%噁霉·福美双可湿性粉剂700倍液,或80%多·福·锌可湿性粉剂700倍液,或5%二氯乙烯基水杨酰胺可湿性粉剂300～500倍液,或68%噁霉·福美双可湿性粉剂800～1 000倍液,或70%噁霉灵可湿性粉剂2 000倍液,或50%苯菌灵可湿性粉剂1 000倍液+50%福美双可湿性粉剂500倍液,或10%多抗霉素可湿性粉剂600～1 000倍液,或4%嘧啶核苷类抗菌素水剂600～800倍液,淋浇或灌浇根部,视病情隔7～10天1次,每株用药液200～250毫升,连用5～7次。

3. 如何防治苦瓜白粉病?

白粉病为苦瓜的主要病害之一,发生普遍,保护地、露地均可发生。一般发病株率为 30%～50%，病重时可达 100%。

(1)危害症状　主要危害叶片，发生严重时也危害茎蔓和叶柄。发病初期在叶片正面和背面产生近圆形的白色粉斑，最后粉斑密布，相互连接，导致叶片变黄枯死，甚者全株干枯死亡。

(2)发生规律　病菌以菌丝体或闭囊壳在寄主或病残体上越冬，翌年春产生子囊孢子进行初侵染，发病后又产生分生孢子进行再侵染。北方地区苦瓜白粉病发生盛期，主要在 4 月上中旬至 7 月下旬和 9～11 月份，南方地区较北方地区发病早。田间湿度大，或干湿交替出现时发病重。温暖湿润、时晴时雨有利于发病。偏施氮肥或肥料不足、植株生长过旺或生长衰弱时发病较重。

(3)防治方法　拉秧后彻底清除病残体。选择通风良好，土质疏松、肥沃，排灌方便的地块种植。苦瓜生长期，结合其他病害的防治施用保护性杀菌剂进行预防。

发病前选用 30%醚菌酯悬浮剂 2 000～2 500 倍液，或 40%双胍三辛烷基苯磺酸盐可湿性粉剂 1 000～2 000 倍液，或 70%甲基硫菌灵可湿性粉剂 600～800 倍液＋75%百菌清可湿性粉剂600～800 倍液，或 50%克菌丹可湿性粉剂 400～500 倍液，或 0.5%大黄素甲醚水剂 1 000～2 000 倍液，或 2%武夷菌素水剂 300 倍液＋70%代森联干悬浮剂 600～800 倍液喷雾预防，间隔 10～15 天 1 次。

发病初期选用 25%乙嘧酚悬浮剂 1 500～2 500 倍液，或 40%氟硅唑乳油 4 000 倍液＋75%百菌清可湿性粉剂 600 倍液，或 10%醚甲环唑水分散粒剂 1 500 倍液＋75%百菌清可湿性粉剂 600 倍液，或 10%苯醚菌酯悬浮剂 1 000～2 000 倍液，或 62.25%锰锌·腈菌唑可湿性粉剂 600 倍液，或 30%氟菌唑可湿性粉剂 2 500～3 500 倍液，或 75%十三吗啉乳油 1 500～2 500 倍液＋50%克菌丹可湿性粉剂 400～500 倍液，或 2%宁南霉素水剂 200～400 倍液＋70%代森联干悬浮剂 600～800 倍液喷雾，视病情间隔5～7天1次。

4. 如何防治苦瓜嫁接苗茎基腐病?

(1)危害症状　嫁接苦瓜幼苗茎基部或嫁接口处腐烂,病部初呈暗褐色,茎基部水渍状,表皮完好,内部腐烂,维管束不变色,后绕茎或根茎扩展。

(2)发生规律　嫁接幼苗受低温、弱光、高湿影响后,植株体内充水,遭受病菌侵染而发病。

(3)防治方法　一是防止低温,保证幼苗期最低温度不低于12℃,昼夜温差在15℃左右。二是避免定植时手捏苗时间过长或浇水浇到幼苗上;定植时要注意剔除病苗,保持地温不低于15℃、不高于35℃以减少定植田发病率。三是加强栽培管理,实行高垄或高畦栽培,不要大水漫灌。四是药剂灌根,发病后可用72%硫酸链霉素可溶性粉剂2 500倍液,或3%中生菌素可湿性粉剂600倍液+72.2%霜霉威盐酸盐水剂400倍液重点喷淋病部,3～4天1次,连用2次,可基本治愈。

5. 如何防治苦瓜疫病?

疫病为苦瓜的普发病害,栽培区域均有发生。重病田损失可达40%以上。该病有时与绵腐病混合发生。

(1)危害症状　幼苗期生长点及嫩茎发病,初呈暗绿色水渍状,随病情发展,病部逐渐变黑、变干,病斑绕茎一周后全株枯死。叶片发病,初呈水渍状软腐,后干枯萎蔫。成株发病,先从近地面茎基部开始,初呈水渍状暗绿色圆形或不规则形暗绿色水渍状病斑,边缘不明显,病部软化,上部叶片萎蔫下垂,湿度大时,病斑扩展很快,病叶迅速腐烂。环境干燥时,病斑发展较慢,边缘为暗绿色，中部淡褐色，常干枯脆裂。果实发病，先从花蒂部出现水渍状暗绿色近圆形凹陷病斑，后果实皱缩软腐，表面生有白色稀疏丝状物。

（2）发生规律　病菌以菌丝体和厚壁孢子、卵孢子随病残体在土壤中或土杂肥中越冬，主要借助流水、灌溉水及雨水溅射而传播。也可借助农事操作传播。从伤口或自然孔口侵入致病，发病后病部上产生孢子囊及游动孢子，借助气流及雨水溅射传播进行再侵染，病害得以迅速蔓延。雨季来得早、雨量大、雨天多时病害易流行。连作、低湿、排水不良、田间郁闭、通透性差的田块发病重。

（3）防治方法

①农业防治　与非瓜类作物实行5年以上轮作，采用高畦栽植，避免田间积水。苗期控制浇水，结瓜后田间做到见湿见干，发现疫病后，浇水减到最低量，严禁雨前浇水。发现中心病株，拔除深埋，控制病情发展。

②种子处理　可用72.2%霜霉威水剂或25%甲霜灵可湿性粉剂800倍液，浸种30分钟，用清水冲洗后浸种催芽。

③药剂防治　在发病前或雨季到来前，喷药预防，药剂可选用30%醚菌酯悬浮剂2 000～3 000倍液，或70%丙森锌可湿性粉剂600～800倍液，或75%百菌清可湿性粉剂800～1 000倍液，或50%福美双可湿性粉剂500～800倍液，视病情隔7～10天喷1次。

发病初期，可选用100克/升氰霜唑悬浮剂2 000～3 000倍液，或72.2%霜霉威水剂600～800倍液+75%百菌清可湿性粉剂1 000倍液喷雾茎叶，视病情间隔7～15天1次。

6. 如何防治苦瓜病毒病?

病毒病为苦瓜的主要病害,保护地、露地均可发生。以夏秋露地种植发病较重。一般病株率达5%～10%,重病田达30%以上。

(1)危害症状　在各生育期均可发病。幼苗染病,叶片皱缩,生长点畸形,发育速度缓慢,重病苗不到定植期就萎蔫坏死。大苗染病,地上部幼嫩部位症状明显,叶片变小、皱缩,节间缩短,植株矮化,有时植株表现花叶,一般不结瓜或结瓜少。中后期染病,植株中上部叶片皱缩,叶色浓淡不均,嫩梢畸形,结瓜小或扭曲,或在瓜条上产生不规则凹陷坏死斑。植株提前枯死。

(2)发生规律　苦瓜病毒病的病原菌有黄瓜花叶病毒和西瓜花叶病毒。黄瓜花叶病毒种子不带毒,主要靠在多年生植物上越冬的桃蚜、棉蚜春季侵染传播病毒。高温干旱有利于发病,管理粗放、杂草多、与瓜类作物相邻、蚜虫数量大,发病严重。田间缺水、缺肥,植株长势衰弱,也可导致病情加重。

(3)防治方法

①农业防治　清洁田园,消除病残体。农事操作中,接触过病株的手和工具,应用肥皂水冲洗,防止传播病毒。经常检查,发现病株及时拔除销毁。施足有机肥,增施磷、钾肥,提高抗病能力。加强田间管理,苗期及时防治蚜虫。

②药剂防治　发病初期喷洒2%宁南霉素水剂200～400倍液,或20%吗胍·乙酸铜可湿性粉剂500～600倍液,或1.05%氮苷·硫酸铜300～500倍液,视病情5～7天1次。

7. 如何防治苦瓜炭疽病?

炭疽病是苦瓜的主要病害之一,发生普遍,春、秋两季多与蔓枯病混合发生而加重危害。一般病株率为8%～20%，重病田可达50%以上。

(1)危害症状　主要危害瓜条，也危害叶片和茎蔓。幼苗多从子叶边缘侵染，形成半圆形凹陷斑。初为浅黄色，后变为红褐色，潮湿时，病部产生粉红色黏稠物。叶片染病，病斑较小，黄褐色至棕褐色，圆形或不规则形状。瓜蔓染病，病斑黄褐色，梭形或长条形，略凹陷，有时龟裂。瓜条染病，病斑初为水渍状，不规则，后凹陷，其上产生粉红色黏稠状物，并有黑色小点，染病瓜条多畸形，易开裂。

(2)发生规律　病菌以菌丝体或菌核随病残体在土壤内或附在种子表面越冬，借气流、雨水和昆虫传播。菌丝体可直接侵染幼苗。高温多雨期间发病严重。田间土壤过湿、植株荫蔽、与瓜类作物连茬种植等有利于发病。

(3)防治方法

①农业防治　保护地栽培应加强温湿度管理，上午温度控制在30℃～33℃，下午和晚上适当通风。防病治虫、绑蔓、采收等田间操作均应在露水干后进行，减少人为传播蔓延。增施磷、钾肥，以提高植株抗病力。

②药剂防治　一是种子处理。用50%代森铵水剂500倍液浸种1小时，或40%甲醛100倍液浸种30分钟，或50%多菌灵可湿性粉剂500倍液浸种30分钟，清水冲洗干净后催芽。二是喷药防治。发病初期用20%苯醚·咪鲜胺微乳剂2 500～3 500倍液，或60%甲硫·异菌脲可湿性粉剂1 000～1 500倍液，或25%咪鲜胺乳油1 000～1 500倍液+75%百菌清可湿性粉剂600倍液，或42%三氯异氰尿酸可湿性粉剂800～1 000倍液喷雾防治，视病情7～10天1次。

8. 如何防治苦瓜灰霉病?

(1)危害症状 该病主要危害幼瓜和花,茎、叶也可发病。病菌多从开败的花瓣处侵入,病花腐烂变软,并产生灰色霉层。随后由病花向幼瓜扩展,使病瓜初期顶尖褪绿,呈水渍状软腐,病部生出霉层。叶片受害一般由脱落的烂花等附着在叶面上引起发病,产生大圆形枯死斑,病斑边缘明显。烂瓜、烂花附着在茎上,能引起茎部腐烂,严重发病可使茎蔓折断,整株死亡。

(2)发生规律 该病由半知菌亚门灰葡萄孢菌侵染所致。病菌主要以菌丝体或分生孢子及菌核随病株残体在土壤中越冬,翌年春季适宜条件下开始侵染苦瓜。冬春季在棚室内发病较重。病菌靠气流、水溅及农事操作传播蔓延。发病最适宜温度为22℃~25℃,最适空气相对湿度为90%。棚室保温性能差、空气湿度大、植株生长弱,发病重。

(3)防治方法 发病初期可选用40%啶酰菌胺可湿性粉剂800倍液,或50%腐霉利可湿性粉剂1 000倍液+75%百菌清可湿性粉剂600倍液,或40%嘧霉胺悬乳剂1 000倍液,或26%嘧胺·乙霉威水分散颗粒剂1 000~1 200倍液喷施防治。

9. 如何防治苦瓜霜霉病?

(1)危害症状 主要危害叶片。真叶染病,叶缘或叶背面出现水渍状不规则病斑,早晨尤为明显,病斑逐渐扩大,受叶脉限制,呈多角形淡褐色斑块,湿度大时叶背面长出灰黑色霉层。后期病斑破裂或连片,致叶缘卷缩干枯,严重的田块一片枯黄。

(2)发生规律 病菌在保护地内越冬,翌年春传播;也可由南方随季风传播到北方。夏季可通过气流或雨水传播。病害在田间发生的温度为 16℃，适宜流行的温度为 20℃～24℃，高于 30℃或低于 15℃发病受到抑制。空气相对湿度在 80%以上时，病害迅速扩展。在多雨、多雾、多露条件下，病害极易流行。

(3)防治方法

①农业防治　选择地势较高，排水良好的地块种植苦瓜。施足基肥，合理追施氮磷钾肥。雨后适时中耕，以提高地温，降低空气湿度。苦瓜生长期，结合其他病害的防治，施用保护性杀菌剂进行预防。

②药剂防治　发病前可选用 25%嘧菌酯悬浮剂 1 500～2 000 倍液，或 70%丙森锌可湿性粉剂 500～800 倍液，或 77%氢氧化铜可湿性粉剂 800～1 000 倍液，或 75%百菌清可湿性粉剂 600～800 倍液，或 70%代森联干悬浮剂 600～800 倍液，或 70%代森锰锌可湿性粉剂 600～800 倍液进行植株喷雾，间隔 7～10 天 1 次。发病初期可选用 687.5 克/升氟菌・霜霉威悬浮剂 1 500～2 000 倍液，或 25%吡唑醚菌酯乳油 1 500～2 000 倍液，或 72.2%霉霜威盐酸盐水剂 600～800 倍液＋50%克菌丹可湿性粉剂 500～700 倍液，或 100 克/升氰霜唑悬浮剂 1 500～2 500 倍液＋70%代森联干悬浮剂 600 倍液，或 50%烯酰吗啉可湿性粉剂 1 000～1 500 倍液＋70%丙森锌可湿性粉剂 600 倍液，或 69%锰锌・氟吗啉可湿性粉剂 1 000～2 000 倍液，或 72%霜脲・锰锌可湿性粉剂 500～700 倍液 喷雾全株，视病情间隔 5～7 天 1 次。

10. 如何防治苦瓜叶枯病?

(1)危害症状　主要危害叶片，先在叶背面叶缘或叶脉间出现明显的水渍状小点，湿度大时导致叶片失水青枯，天气晴朗气温高时易形成圆形至近圆形褐斑，病斑布满叶面后融合为大斑，病部变薄，形成叶枯。

(2)发生规律　病菌附着在病残体上或种皮内越冬,翌年产生分生孢子通过风或降水进行多次重复再侵染。田间降雨多、水量大、空气湿度高,易流行。偏施或重施氮肥及土壤瘠薄,植株抗病力弱发病重。

(3)防治方法

①农业防治　消除病残体,集中深埋或烧毁。采用配方施肥技术,避免偏施、过施氮肥。雨后开沟排水,防治湿气滞留。

②药剂防治　一是种子处理。播前种子用55℃温水浸种15分钟,也可用种子重量0.3%的50%福美双可湿性粉剂或40%克菌丹可湿性粉剂拌种。二是发病前可用30%醚菌酯悬浮剂2 500～3 000倍液,或25%嘧菌酯悬浮剂1 500～2 000倍液,或75%百菌清可湿性粉剂600～800倍液,或80%代森锰锌可湿性粉剂800～1 000倍液,或70%氢氧化铜可湿性粉剂800～1 000倍液喷雾全株,间隔7～10天1次。三是发病初期可选用10%苯醚甲环唑水分散粒剂1 000～1 500倍液,或50%异菌脲可湿性粉剂1 000～1 500倍液＋70%代森锰锌可湿性粉剂800倍液,或560克/升嘧菌·百菌清悬浮剂800～1 000倍液喷雾全株,视病情间隔5～7天1次。

11. 如何防治苦瓜绵腐病?

绵腐病为苦瓜的主要病害之一,以夏秋多雨季节危害较重。一般发病率为5%左右,病重时可达10%。植株徒长,密度过大,多雨年份危害加重。

(1)危害症状　主要危害瓜条,成熟瓜受害重。瓜条染病,初为水渍状,很快病部组织软化腐烂,表面产生浓密絮状白霉。高温潮湿,病部迅速扩展致整个瓜条染病腐烂。

(2)发生规律　病菌以卵孢子在土壤表层越冬,也可以菌丝体在土中营腐生生活，温湿度适宜时卵孢子萌发，或土中菌丝产生游动孢子囊并萌发释放出游动孢子，借浇水或雨水溅射到植株或近地面瓜条上引起侵染。病菌对温度要求不严格，10℃～30℃条件下均可发病，对湿度要求较高，游动孢子囊萌发和释放游动孢子需要有水存在，田间高温或积水易诱发此病。土质黏重、地势低洼、地下水位高、雨后积水或浇水过多、田间湿度高等均有利于发病。

(3)防治方法

①农业防治　采用高畦或高垄种植，防治田间积水。提倡地膜覆盖栽培，阻止病菌侵染和降低田间湿度，控制发病。加强管理，及时摘掉下部老、黄叶，增强通风透光性，降低田间湿度。雨后或浇水后避免田间积水。及时摘去靠地面瓜条。发病初期彻底清除病瓜。

②药剂防治　发病初期选用69%烯酰·锰锌可湿性粉剂1 000～1 500倍液，或72.2%霜霉威水剂500～800倍液，或70%代森联干悬浮剂600～800倍液，或72%霜脲·锰锌可湿性粉剂600～800倍液，或50%氟吗·锰锌可湿性粉剂800～1 000倍液喷雾植株下部或病部，视病情间隔7～10天1次。重点对植株下部瓜条和地面喷雾消毒。

12. 如何防治苦瓜蔓枯病？

(1)危害症状　主要危害叶片、茎蔓和瓜条。叶片染病，初为水渍状小斑点，后变成圆形或不规则形斑，灰褐色至黄褐色，有轮纹，其上产生黑色小点。茎蔓染病，病斑多为不规则长条形，浅灰褐色，上生小黑点，多引起茎蔓纵裂，易折断，空气潮湿时病部有流胶状物，有时病株茎蔓上还形成茎瘤。瓜条染病，初为水渍状小圆点，后变成不规则黄褐色木栓化稍凹陷斑，后期产生小黑点，最后瓜条组织变朽，易开裂腐烂。

(2)发生规律　病菌以分生孢子器或子囊壳随病残体在土壤中越冬,也可随种子传播。翌年春条件适宜时,从气孔、水孔或伤口侵入。病菌喜温暖、高湿的环境条件。温度20℃～25℃、空气相对湿度85%以上时发病较重。发病后产生分生孢子,通过浇水、气流等再传播。生长期高温、潮湿、多雨,连作地,平畦栽培,排水不良,密度过大,肥料不足,植株生长衰弱或徒长,发病较重。

(3)防治方法

①农业防治　实行3年以上与非瓜类作物轮作,拉秧后彻底清理田园,使用充分腐熟的沤肥,适当增施磷、钾肥,生长期加强管理,避免田间积水等。

②药剂防治　一是种子处理。将种子置于55℃温水中浸种15分钟,再置于30℃水中继续浸泡24小时,然后再催芽播种。或用0.15双氧水溶液浸种3小时,然后催芽播种。二是发病前可选用25%嘧菌酯悬浮剂1 500倍液,或70%丙森锌可湿性粉剂500倍液,或75%百菌清可湿性粉剂600倍液,或80%代森锰锌可湿性粉剂800倍液喷雾,间隔7～10天1次。三是发病初期可选用30%苯噻硫氰乳油2 000～3 000倍液+75%百菌清可湿性粉剂600倍液,或40%氟硅唑乳油3 000～5 000倍液+65%代森锌可湿性粉剂600～800倍液,或25%咪鲜胺乳油800～1 000倍液+70%代森联干悬浮剂700倍液,或2.5%咯菌腈悬浮种衣剂1 000～1 500倍液,或20%丙硫多菌灵悬浮剂1 500～3 000倍液喷雾,视病情间隔5～7天1次。

13. 如何防治苦瓜细菌性叶斑病?

(1)危害症状　叶片受害初期在叶片背面产生许多油渍状小点,逐渐扩大成不规则的油渍状灰绿色至暗绿色斑,边缘不明显,进一步发展成半透明灰褐色至暗褐色坏死斑,最后整个叶片坏死。

茎蔓和叶柄染病，呈暗绿色油渍状，湿度大时流胶或腐烂。瓜条染病，在瓜条表面出现许多大小不等的油渍状暗绿色不规则形病斑，以后随着病害的发展，病瓜软化腐烂。有时病瓜表面产生灰白色菌液，病部坏死下陷，最终导致病瓜畸形或干腐。

(2)发生规律　病菌随病残体在土壤中越冬，种子也可带菌。播种带病种子，种子萌发时病菌侵染子叶引起幼苗发病。土壤中病残体所带病菌，可借雨水或浇水冲溅，传播到瓜秧下部叶片或瓜条上引起发病，昆虫及农事操作也能传播。病菌由气孔、水孔、皮孔等自然孔口侵入，也可由瓜条伤口侵入，反复侵染。病菌可沿导管进入种子皮层，使种子内带菌。病菌生长温度为4℃～38℃，25℃～27℃繁殖速度最快。病菌扩散、传播和侵入，均需90%～100%的空气相对湿度和水膜存在。种植过密、通风不良或重茬田块病情较重。

(3)防治方法

①农业防治　重病田实行非瓜类作物3年以上轮作，用无病土育苗。加强田间肥水管理，尽量在露水干后进入温室操作。避免田间积水和漫灌。

②药剂防治　一是种子消毒。可用40%甲醛150倍液浸种1.5小时，或用1%硫酸溶液浸种2小时后催芽播种。也可用种子重量0.4%的47%春雷·王铜可湿性粉剂拌种。二是发病后可选用47%春雷·王铜可湿性粉剂800倍液，或77%氢氧化铜可湿性粉剂500倍液，或25%噻枯唑可湿性粉剂3000倍液，或90%新植霉素可湿性粉剂5000倍液喷雾防治。保护地还可每667米^{2}选用5%春雷·王铜粉尘剂1000克喷粉，防治效果更好。

14. 如何防治苦瓜根结线虫病?

(1)危害症状　根结线虫病是一类重要的植物寄生线虫病害，

可造成苦瓜减产10%～20%，严重时可达75%以上。根结线虫主要危害苦瓜根部。开始侵入幼根危害，导致根系发育不良，侧根增多、增粗，并形成大小不等的肿瘤，瘤单生或串生。瘤状物初为白色，质地柔软，后期变褐色，表面有龟裂。受害植株地上部分生长缓慢，叶色变浅，高温强光时出现萎蔫，但早、晚恢复正常。严重时植株逐渐枯死。

(2)发生规律　苦瓜根结线虫多以二龄幼虫或卵随病残体遗留在5～30厘米土层中生存1～3年，条件适合时，越冬卵孵化为幼虫，继续发育后，侵入苦瓜根部，刺激根部细胞增生，产生新的根结或肿瘤。根结线虫发育到四龄时交尾产卵，雄线虫离开寄主钻入土中很快死亡。产在根结里的卵孵化后发育至二龄即脱离卵壳，进入土壤中进行再侵染或越冬。苦瓜重茬种植，根结线虫病发生重。

(3)防治方法

①农业防治　根结线虫病发生严重的地块，实行2～5年与大葱、大蒜、韭菜等较抗线虫的蔬菜轮作。采用营养钵或穴盘无土育苗，能有效防止苦瓜早期受根结线虫的危害。

②药剂防治　在有根结线虫的地块，每667米^{2}用1%阿维菌素颗粒剂3～4千克，或5%丁硫克百威颗粒剂3千克，或10%噻唑磷颗粒剂2千克与20千克细土充分拌匀，撒在畦面，再用铁耙将药土混入土层15～20厘米，撒药后当天定植。也可在定植前3天，在挖好的苗穴内灌根线酊药液，每100毫升根线酊对水75升，灌100穴，或定植后幼苗期分3次灌根，方法是每100毫升根线酊对水225升，灌400株，灌后发现植株打蔫时，及时灌水缓解，对植株无影响。对已经出现根结线虫的大苗，可灌2次，第一次用100毫升根线酊对水150升，再加入0.002%赤霉素溶液125毫升，灌250株；第二次药量同第一次，但不加赤霉素。灌根最好在下午或阴天进行。对土壤未消毒且发病重的地块，在整地时，每667米^2

施用5%丁硫克百威颗粒剂5～7千克，或35%威百亩水剂4～6千克，或10%噻唑磷颗粒剂2～5千克，或98%棉隆微粒剂30千克。在苦瓜生长过程中应急防治时，可用1.8%阿维菌素乳油2 000倍液灌根，每株灌药液250毫升。

15. 如何防治瓜蚜?

瓜蚜属蚜虫的一种，俗称蜜虫、腻虫，是苦瓜的主要害虫之一。

(1)危害特点　瓜蚜主要危害苦瓜叶片和幼苗、嫩茎。瓜蚜以针管状的口器刺吸植株的汁液，叶片受害后多造成皱缩、畸形以至向叶背面卷缩。嫩枝及生长点被害后，叶片卷缩，生长停滞。此外，蚜虫还可传播病毒病。

(2)发生规律　瓜蚜成虫分有翅和无翅2种体型，无翅孤雌胎生蚜(不经交配即胎生小蚜虫)成虫，体长1.8毫米，夏季为淡绿色，秋季深绿色，复眼红褐色，全身有蜡粉，体末生有1对角状管。有翅孤雌胎生蚜成虫黄色或浅绿色，比无翅蚜稍小，头、胸部均为黑色，有2对透明翅。瓜蚜在黄河中下游地区露地以卵越冬，在保护地内常年危害。在适宜的温湿度条件下，每5～6天便可完成1个世代。成虫寿命20多天。1头雌虫一生能胎生若蚜50余只。露地栽培的苦瓜，瓜蚜5月份由越冬寄主(某些野菜或越冬菜)迁入苦瓜田繁殖危害，形成点片发生阶段。至6月份可出现大量有翅孤雌胎生蚜，形成大面积发生。秋季有翅雌蚜和雄蚜交尾，飞回越冬寄主上产卵越冬，或在日光温室、塑料大棚内危害。

(3)防治方法

①农业防治　加强栽培管理，培育无虫苗。合理使用化学农药，积极开展物理防治，育苗前彻底熏杀残余的蚜虫，清理杂草和残体。棚室栽培，在室内设置黄板，诱杀成虫。

②药剂防治　用3%啶虫脒乳油1 000～1 500倍液，或10%

吡丙·吡虫啉悬浮剂1 500～2 000倍液，或25%噻虫嗪可湿性粉剂1 500～2 000倍液，或1%苦参素水剂800～1 000倍液，或2.5%溴氰·仲丁威乳油2 000～3 000倍液喷雾防治。在保护地也可每667米^{2}用10%氰戊菊酯烟剂500～550克，分6～8个点进行熏杀。

16. 如何防治白粉虱？

(1)危害特点　白粉虱成虫和若虫吸食植物汁液，被害叶片褪绿、变黄、萎蔫，甚至全株死亡。此外，还能分泌大量蜜露，污染叶片和果实，导致煤污病的发生，造成减产并降低苦瓜商品性。白粉虱亦可传播病毒病。

(2)发生规律　北方地区在温室条件下每年可发生10余代，以各虫态在温室越冬，并继续危害。成虫喜欢瓜类、茄子、番茄、菜豆等蔬菜，群居于嫩叶叶背和产卵，在寄主植物打顶以前，成虫总是随着植株的生长不断追逐顶部嫩叶，因此在植株上自上而下白粉虱的分布为：新产的绿卵→变黑的卵→幼龄若虫→老龄若虫→伪蛹。新羽化成虫产的卵以卵柄从气孔插入叶片组织中，与寄主植物保持水分平衡，极不易脱落。若虫孵化后3天内在叶背可做短距离游走，当口器插入叶组织后就失去了爬行的功能，开始营固着生活。温室白粉虱在我国北方地区冬季野外条件下不能存活，通常要在温室作物上继续繁殖危害，无滞育或休眠现象。翌年通过菜苗移栽时迁入大棚或露地，或乘温室开窗通风时迁飞露地。因此，白粉虱在发生地区的蔓延，人为因素起着重要作用。白粉虱的种群数量，由春至秋持续发展，夏季的高温多雨抑制作用不明显。秋季数量达到高峰，集中危害瓜类、豆类和茄果类蔬菜。在北方地区，由于温室和露地蔬菜生产紧密衔接和相互交替，白粉虱周年发生。7～8月份虫口密度较大，8～9月份危害严重，10月下旬后气温下降，虫口数量逐渐减少，并开始向温室内迁移危害或越冬。

(3)防治方法

①农业防治　加强栽培管理，培育无虫苗。合理使用化学农药，积极开展生物防治和物理防治。提倡温室前茬种植白粉虱不喜食的芹菜、蒜黄等较耐低温的蔬菜，减少瓜类的种植面积。育苗前彻底熏杀残余的白粉虱，清理杂草和残株，在通风口增设防虫网等，控制虫源流动。避免黄瓜、番茄、菜豆混栽，以免加重危害。

②生物防治　可人工繁殖释放丽蚜小蜂，当温室白粉虱成虫在 0.5 头/株以下时，按 15 头/株的量释放丽蚜小蜂成蜂，每隔 2 周 1 次，共 3 次，寄生蜂可在温室内建立种群并能有效地控制白粉虱危害。

③物理防治　黄色对白粉虱成虫有强烈诱集作用，在温室内设置黄板，诱杀成虫效果显著。黄板设置于行间与植株高度相平，黏油 7～10 天重涂 1 次，涂油时防止油滴到植株上造成烧伤。黄板诱杀可与释放丽蚜小蜂协调运用。

④药剂防治　在白粉虱发生较重的温室或地块，可选用 240 克/升螺虫乙酯悬浮剂 4 000～5 000 倍液，或 10%吡丙醚乳油 1 000～2 000 倍液，或 50%噻虫胺水分散粒剂 2 000～3 000 倍液，或 25%噻嗪酮可湿性粉剂 1 000～2 000 倍液，或 10%氯噻啉可湿性粉剂 2 000 倍液，或 10%吡丙·吡虫啉悬浮剂 1 500 倍液，或 10%吡虫啉可湿性粉剂1 500倍液，或 3%啶虫脒乳油 1 000～2 000 倍液，或 20%高氯·噻嗪酮乳油 1 500 倍液喷雾。因其世代重叠，要连续防治，隔 7 天左右 1 次。虫情严重时可选用 2.5%联苯菊酯乳油 3 000 倍液＋25%噻虫嗪可湿性粉剂 2 000 倍液喷雾防治。在保护地内，每 667 米^2 选用 10%氰戊菊酯烟剂或 22%敌敌畏烟剂 0.5 千克，或 15%敌畏·吡虫啉烟剂 200～400 克，用背负式机动发烟器释放烟剂，效果很好。

17. 如何防治红蜘蛛?

红蜘蛛又名棉红蜘蛛,俗称大蜘蛛、大龙、砂龙等。

(1)危害特点　红蜘蛛主要危害苦瓜叶片,被害叶初出现黄白色小点。严重时叶背面布满丝网,叶片黄萎,逐渐枯焦。

(2)发生规律　红蜘蛛分布广泛,食性杂,可危害110多种植物。繁殖能力很强,约5天就可繁殖1代。以卵越冬,越冬卵一般在3月初开始孵化,4月初全部孵化完毕,越冬后1～3代主要在地面杂草上繁殖危害,4代以后即同时在作物和杂草上危害,10月中下旬开始进入越冬期。4月下旬,当作物萌芽时,地面杂草上的部分红蜘蛛开始向作物上转移危害。在高温干旱气候条件下,繁殖迅速,危害严重。多群集于叶片背面吐丝结网危害。红蜘蛛的传播蔓延除靠自身爬行外,风、雨水及农事操作携带是重要途径。

(3)防治方法

①农业防治　根据红蜘蛛越冬卵孵化规律和孵化后首先在杂草上取食繁殖的习性,早春进行翻地,清除地面杂草,保持越冬卵孵化期间田间没有杂草,使红蜘蛛因找不到食物而死亡。在越冬卵孵化前集中烧毁寄主作物,减少虫口基数。生产中注意观察,发现叶片颜色异常时,应仔细检查叶背,个别叶片受害,可摘除虫叶或定向喷药;较多植株发生时,应全田喷药。

②生物防治　田间红蜘蛛的天敌种类很多,据调查主要有食螨瓢虫和捕食螨类等。天敌对红蜘蛛的捕食量较大,保护和增加天敌数量,可增强其对红蜘蛛种群的控制作用。

③药剂防治　在红蜘蛛发生中期可选用1.8%阿维菌素乳油2000～4000倍液,或15%哒螨灵乳油1500～3000倍液,或5%唑螨酯悬浮剂2000～3000倍液,或73%炔螨特乳油2000～3000倍液,或20%三唑锡悬浮剂2000～3000倍液喷雾防治,隔5～7

天 1 次，连喷 2～3 次。重点喷洒嫩叶背面、嫩茎、花器、幼果等部位。

18. 如何防治斑潜蝇?

(1)*危害特点* 斑潜蝇以幼虫钻蛀苦瓜叶片危害，在叶片上形成由细变宽的蛇形弯曲隧道，开始为白色，后变成铁锈色，有的在白色隧道内还带有湿黑色细线。幼虫多时，叶片在短时间内就被钻花干枯。

(2)*发生规律* 斑潜蝇成虫体小，淡灰黑色，虫体结实。卵很小，米色，轻微半透明，产在叶片内，田间很难见到。幼虫呈乳白色至鸭黄色头蛆状，最长可达 3 毫米。发生期为 4～11 月份，发生盛期为 5 月中旬至 6 月份和 9 月份至 10 月中旬。斑潜蝇为杂食性害虫，危害较大。

(3)*防治方法* 定植前，彻底清除菜田内杂草和残株烂叶，并集中烧毁，减少虫源。耕地时每 667 米² 撒施 10%噻唑磷颗粒剂 1.5～2 千克，以毒杀虫蛹，还可结合中耕松土灭蛹。每 667 米² 田间设置 15～20 张黄色诱虫板，诱杀成虫。幼苗子叶期和第一片真叶期，以及幼虫食叶初期、虫体长约 1 毫米时用药防治效果最好。防治成虫，宜在早上或傍晚成虫大量出现时喷药，重点喷田边植株和中下部叶片。喷洒 48%毒死蜱乳油 1 000 倍液，毒杀老熟幼虫和蛹。成虫大量出现时，在田间每平方米放置 15 张诱蝇纸(杀虫剂浸泡过的纸)，每隔 2～4 天换纸 1 次，进行诱杀。一般在成虫发生高峰期 4～7 天，或叶片受害率达 5%～10%时开始药剂防治。药剂可选用 15%阿维·毒死蜱乳油 800～1 000 倍液，或 16%高氯·杀虫单微乳剂 1 000 倍液，或 52.25%氯氰·毒死蜱乳油 1 500 倍液，或 20%阿维·杀虫单微乳剂1 500倍液均匀喷雾，视虫情7～10 天喷 1 次，采收前 7 天停止施药。保护地还可每 667 米²

用10%氰戊菊酯烟剂0.5千克，或15%敌畏·吡虫啉烟剂200～400克，用背负式机动发烟器施放烟剂，效果更好。或用80%敌敌畏乳油与水按1∶1的比例混合后加热熏蒸。

19. 如何防治瓜实蝇?

(1)危害特点　瓜实蝇属双翅目实蝇科果实蝇属害虫，近年来种群密度上升很快，危害相当严重。据调查，有些地区的苦瓜30%～70%受瓜实蝇危害，损失很大。瓜实蝇成虫在幼瓜表皮产卵，孵出的幼虫钻入瓜肉取食，使受害瓜转黄、腐烂，即使不腐烂也使受害处下陷、畸形而影响品质。

(2)发生规律　老熟幼虫从腐烂落地的瓜中跳出，并在表土化蛹，成虫羽化后又继续危害。瓜实蝇的数量消长与苦瓜的栽培期及温度密切相关，在温度高及结瓜盛期的7～8月份，种群密度最高。据调查表明，瓜实蝇在寄主丰富及环境条件适宜时，常在原地反复繁殖危害，因而局部地区危害严重。

(3)防治方法

①农业防治　及时清除并处理烂瓜，消灭虫源。实行苦瓜套袋技术，即当苦瓜幼瓜长至2厘米时开始套袋，能有效阻止瓜实蝇将虫卵产在幼瓜上，从而降低瓜实蝇危害。

②药剂防治　在瓜实蝇羽化盛期和产卵前期，用1.8%阿维菌素乳油1 500倍液，或0.5%甲氨基阿维菌素苯甲酸盐乳油3 000倍液，或50%灭蝇胺乳剂3 000倍液喷雾防治。在成虫盛发期，于中午或傍晚喷施2.5%溴氯菊酯乳油3 000倍液，7天1次，连喷3～4次。注意检查成虫出土时间，及时用48%毒死蜱乳油1 000倍液喷洒地面，也能收到很好的效果。

③其他方法　目前我国台湾地区普遍采用以诱集雄虫的灭雄法防治瓜实蝇。果实蝇性诱剂对瓜实蝇雄虫有较强的吸引力，用

果实蝇与甲基丁香油(1∶1)混合作诱芯，既可诱杀瓜实蝇又可诱杀果实蝇。每隔20米在瓜棚下挂笼1个，每15天添加诱杀剂1次。灭雄法必须长期不断使用，才能降低田间瓜实蝇的数量。也有人使用含毒的酵母水解物或蛋白质水解物进行诱杀或喷洒防治。

20. 如何防治椿象?

(1)危害特点　椿象也叫盲蝽象，因体后有一个臭腺开口，遇到敌害时就放出臭气，俗称放屁虫、臭大姐等。椿象是一类翅膀变化异常的昆虫(半翅目，异翅亚目昆虫)的通称，有3万多种，其中多数种类是害虫。椿象危害苦瓜，一是造成生长点卷缩、展不开。二是苦瓜结果期，椿象聚集于果实的表面吸食汁液，造成苦瓜商品性降低。

(2)发生规律　椿象1年发生数代，在黄河流域1年发生3～5代，以卵在苜蓿、蚕豆、石榴、苹果等枯枝及杂草上越冬。4月上中旬孵化，下旬羽化，6月中旬至7月中旬是危害盛期。喜欢高温高湿，25℃～30℃的气温和空气相对湿度80%以上，适合卵孵化及繁殖危害。

(3)防治方法

①农业防治　针对气候条件和椿象发生的情况，一是冬耕前清理菜地，消灭部分越冬成虫。二是人工摘除卵块，减少幼虫孵化。

②药剂防治　在椿象发生的初期，尽可能在若虫分散危害前开始药剂防治，避免成虫的迁飞危害。于早晨或傍晚喷洒药剂效果好，喷药一定要做到均匀、全面，以提高防治效果。可交替喷洒4.5%高效氯氰菊酯微乳剂2500倍液，或53克/升除脲·吡虫啉悬浮剂650倍液，或48%毒·辛乳油2000倍液(傍晚用药)，或市

售新配方专治椿象的药剂。

21. 如何防治地老虎?

(1)危害特点　地老虎又叫土蚕,是一种危害较大的杂食性地下害虫。地老虎有多种,但以小地老虎危害最重。小地老虎主要以初孵化的幼虫群集在瓜苗心叶和幼嫩根茎部昼夜危害,将叶片吃成小孔或缺刻,将嫩茎咬断,造成缺苗断垄。幼虫三龄以后食量剧增,危害更为严重。一般白天潜入表土,夜间出来活动,尤其在天刚亮的清晨露水多时危害最严重。

(2)发生规律　小地老虎以蛹或老熟幼虫在土中越冬,1年可发生3～4代,成虫有喜欢吃糖蜜、飞扑黑光灯的习性。一般白天藏在土缝、草丛等阴暗处,夜间出来飞翔、取食、交尾。雌蛾多在土块下或杂草上产卵,卵为散产或成块,一般每头雌蛾可产卵800粒左右。幼虫期共6龄。土壤黏重、低洼、潮湿,特别是耕作粗放、草荒严重的地块,均有利于小地老虎的滋生。

(3)防治方法　早春,特别是夏季高温多雨、杂草丛生季节,要及时铲除田间及其附近野草,以消灭小地老虎的产卵场所和食料来源;前茬作物收完后深翻越冬,可冻死或深埋一部分蛹和幼虫,以减轻危害;发现瓜苗被咬断或缺苗时,小心轻轻扒开被害植株附近表土,捕捉幼虫,连续捕捉数天,效果很好;装专用黑光灯,诱杀成虫;用1∶1糖醋液10千克加21%氰戊菊酯乳油5克进行诱杀。

22. 如何防治瓜绢螟?

(1)危害特点　瓜绢螟幼龄虫在苦瓜叶背啃食叶肉,被害部位呈白斑,三龄后吐丝将叶或嫩梢缀合,匿居其中取食,致使叶片穿孔或缺刻，严重时仅留叶脉。也可蛀入幼瓜及花中危害。瓜绢螟老熟后在被害卷叶内做白色薄茧化蛹，或在根际表土中化蛹。

(2)发生规律　瓜绢螟主要分布于华中、华南及西南各省。在江西1年发生5代，在广州1年发生6代。7～9月份发生数量多，有世代重叠发生现象。

(3)防治方法

①农业防治　清洁田园。苦瓜收获后收集田间的残株枯叶，深埋或烧毁，可压低虫口基数。幼虫发生期，人工摘除卷叶和幼虫群集取食的叶片，集中处理。

②生物防治　保护利用天敌，当卵寄生率达60%以上时，尽量避免使用化学杀虫剂，防止杀伤天敌。瓜绢螟的天敌已知有4种，卵期的拟澳洲赤眼蜂、幼虫期的菲岛扁股小蜂和瓜绢螟绒茧蜂、幼虫至蛹期的小室姬蜂。其中拟澳洲赤眼蜂大量寄生瓜螟卵，每年8～10月份，日平均温度在17℃～28℃时，瓜螟卵寄生率在60%以上，高温持续10天以上时接近100%，可明显地抑制瓜绢螟的发生和危害。

③药剂防治　发生虫害时及时防治，在幼虫一至三龄卷叶前，可选用0.5%甲氨基阿维菌素苯甲酸盐乳油2 000～3 000倍液＋4.5%高效顺式氯氰菊酯乳油1 000～2 000倍液，或5%氯虫苯甲酰胺悬浮剂2 000～3 000倍液，或22%氰氟虫腙悬浮剂2 000～3 000倍液，或5%氟虫腈乳油1 000～2 000倍液，或15%茚虫威悬浮剂3 000～4 000倍液，或10%醚菌酯悬浮剂2 000～3 000倍液，或48%毒死蜱乳油1 500～2 500倍液，或15%阿维·毒死蜱乳油1 000～2 000倍液，或2%阿维·苏云金可湿性粉剂2 000～3 000倍液，或1.2%烟碱·苦参碱乳油800～1 500倍液，或0.5%藜芦碱可溶性液剂1 000～2 000倍液均匀喷雾。

23. 如何防治蓟马？

（1）危害特点　苦瓜蓟马属缨翅目蓟马科。蓟马成虫、若虫以锉吸式口器危害心叶、嫩芽及幼果。被害植株生长点萎缩、变黑而出现丛生现象，心叶不能展开，影响正常坐瓜。受害幼瓜的茸毛变黑，表皮锈褐色，生长缓慢，甚至变畸形。受害严重时造成落果，极大影响产量及品质。

（2）发生规律　蓟马在保护地世代重叠，周年繁殖危害。15℃～35℃条件下利于其繁殖危害，骤然降温、狂风暴雨不利于繁殖危害。一般3～10月份为危害盛期。成虫善飞，怕光，喜在嫩梢、花冠、叶背及果实上取食危害。

（3）防治方法　用20%丁硫克百威乳油600～800倍液，或98%杀螟丹原粉2 000～3 000倍液，或40%吡虫啉可湿性粉剂2 000～3 000倍液，或18%杀虫双水剂250～400倍液喷雾，4～6天内连续喷药2次，可有效地降低苦瓜蓟马种群密度。

24. 如何防治蝼蛄？

（1）危害特点　该虫主要在苗期危害。成虫、若虫均在土中活动，取食播下的种子、幼芽或将幼苗咬断致死。由于蝼蛄在表土下潜行，将表土层钻成许多隧道，使苗、根脱离土壤而失水枯死。

（2）发生规律　我国常见的蝼蛄有华北蝼蛄和东方蝼蛄2种。蝼蛄性喜独居生活，以成虫或若虫在地下越冬，地温6℃～8℃时开始苏醒。黄河流域，在“清明”前后开始危害，5月上旬至6月中旬出现第一个危害高峰期。6月下旬至8月下旬，天气炎热，转入地下产卵。9月份随气温下降，又开始到地上危害，并出现第二个危害高峰期。

(3)防治方法　一是毒饵诱杀。将麦麸或豆饼或棉籽饼 2.5 千克炒香,或将秕谷 2.5 千克煮熟晾至半干,加 90%晶体敌百虫 75 克对水少许拌匀做成毒饵,撒于苗床或田间诱杀蝼蛄,每 667 米^2 用量为 1.5～2.5 千克。二是马粪诱杀。挖 30～40 厘米方坑,坑内堆入少许新鲜马粪,按马粪量的 1/10 拌入 2.5%敌百虫粉剂进行诱杀,蝼蛄爬入堆内可被毒死。三是药剂防治。用 15%阿维·毒死蜱乳油 1 000 倍液灌根,或每 667 米^2 用 5%毒死蜱颗粒剂 1～1.5 千克与细土 15～30 千克混匀后,于定植前撒于定植沟内。

25. 如何防治蜗牛?

(1)危害特点　以成虫、幼虫取食,常将嫩叶、嫩茎啃成不规则的洞孔或缺刻;在苗期咬断幼苗造成缺苗断垄。

(2)发生规律　蜗牛在全国各地均有发生。1 年发生 1～2 代,卵产在苦瓜植株根部、草根或土壤中。多在雨后、阴天及夜间爬出来危害。

(3)防治方法

①农业防治　提倡地膜覆盖栽培,棚室要通风透光,清除各种杂物与杂草,保持室内清洁干燥。进行秋季耕翻,使越冬成贝、幼贝暴露冻死,其卵被晒爆裂。蜗牛昼伏夜出,黄昏以后危害。在棚室中可用瓦块、菜叶、杂草、树叶等做成诱集堆,天亮前集中捕捉。

②药剂防治　每 667 米^2 可用生石灰粉 5～7.5 千克在温室四周、农田沟边做成封锁带。也可用氨水 70～100 倍液喷洒杀灭。或用四聚乙醛配成含有效成分 2.5%～6%豆饼或玉米粉毒饵,在傍晚撒施于蜗牛经常出没处。或用 6%四聚乙醛杀螺颗粒剂 0.6 千克拌成毒土或与米糠、青草等混合拌成毒饵撒施,均可有效防治蜗牛的危害。

26. 危害苦瓜的田间杂草有哪些？如何防除？

苦瓜田间杂草，不仅与苦瓜争夺阳光和肥水，影响苦瓜的正常生长，还是多种病虫害的中间寄生体。田间杂草寄生病虫害后，再侵染苦瓜，也会造成苦瓜发病，影响苦瓜的商品性和经济价值。苦瓜田的杂草种类很多，造成危害的杂草主要有稗草、马唐、牛筋草、狗尾草、千金子、画眉草、看麦娘、莎草等单子叶杂草和马齿苋、绿苋、刺苋、藜、蓼、牛繁缕、苍耳等双子叶杂草，还有多年生的芦苇、田旋花、香附等杂草。

防除苦瓜地杂草应采取以下措施：①准备种植苦瓜的地块，应在年前清除田内杂草植株及杂草种子，以减少翌年杂草种子来源。②定植前，清除田园周围的杂草。③施用没有杂草种子的腐熟有机肥。④定植前喷洒封闭性除草剂，定植后发现杂草及早拔除或定向喷洒除草剂。

27. 苦瓜生产常用除草剂的施用方法是什么？

(1)33%二甲戊灵　属封闭性除草剂，于播种后至苗前使用，也可喷洒后再定植苦瓜。土壤黏粒和有机质对此药有吸附作用，因此用药量应根据土壤质地和有机质含量确定。土壤有机质含量＜1.5%的沙质土每667米^{2}用药0.25升、壤质土用药0.33升、黏质土用药0.35～0.4升加水50升喷洒地面；土壤有机质含量＞1.5%的沙质土用药0.25～0.33升、壤质土用药0.35～0.4升、黏质土用药0.4升加水50升喷洒地面。主要防治稗草、马唐、牛筋草、狗尾草、千金子、画眉草、看麦娘、莎草、马齿苋、绿苋、刺苋、藜、蓼、牛繁缕、苍耳等杂草。

(2)72%异丙甲草胺　为棕黄色液体，乳化性能良好，播种后出苗前或定植前施用。纯品为无色液体，可与许多除草剂相混。可防除牛筋草、马唐、狗尾草、苋菜、马齿苋、碎米莎草、油莎草等杂草。每667米^{2}用药150～200毫升对水50升，在播种后出苗前喷洒地面，喷药后覆盖地膜。

(3)48%仲丁灵　为甲苯胺类除草剂，纯品为橙黄色结晶体，溶于丙酮、甲苯、乙醇等有机溶剂，难溶于水。易挥发，在阳光下易分解，药效降低。对人、畜低毒或无毒。该药为选择性芽前除草剂，药剂进入植物体后，主要抑制分生组织的细胞分裂，从而抑制杂草的幼芽及幼根生长，导致杂草死亡。对马唐、狗尾草、苋、藜等杂草有很好的防效。该药应在播种或定植前喷药处理土壤，每667米^{2}用药150～200毫升对水50升，在播种后出苗前喷洒，施药后将药混土深3～5厘米。

(4)48%氟乐灵　该药易挥发、易光解、水溶性极小，不易在土层中移动，是选择性芽前土壤处理剂，对已出土杂草无效，持效期长。可防除稗草、马唐、牛筋草、石茅高粱、千金子、大画眉草、早熟禾、雀麦、硬草、棒头草、苋、藜、马齿苋、繁缕、蓼、匾蓄、蒺藜等杂草。每667米^{2}用药0.1～0.15升对水50升，播种或定植前喷药处理土壤。

(5)10.8%高效氟吡甲禾灵　为苗后茎叶处理除草剂，土壤中的药剂被根部吸收，也起杀草作用。药效稳定，受低温、雨水等不利环境条件影响小。对从出苗到分蘖、抽穗初期的1年生和多年生禾本科杂草有很好的防除效果，对阔叶杂草和莎草无效。茎叶处理后幼嫩组织和生长旺盛的组织首先受抑制，杂草很快停止生长。每667米^{2}用药100～150毫升，对水30升定向喷雾。施药48小时后杂草的芽和节等分生组织部位开始变褐，然后心叶逐渐变紫、变黄、枯死，老叶表现症状稍晚。从施药到杂草枯死一般需6～10天。可防除看麦娘、稗草、马唐、狗尾草、牛筋草、野燕麦等禾本科杂草。

(6)精喹禾灵　为选择性、内吸传导型、茎叶处理低毒除草剂。在禾本科杂草与双子叶作物之间有高度选择性，茎叶可在几小时内完成对药剂的吸收作用，在植物体内向上部和下部移动。1年生杂草在24小时内可传遍全株，2～3天新叶变黄，停止生长，4～7天茎叶呈坏死状，10天内整株枯死。多年生杂草受药后，药剂迅速向地下根茎组织传导，使之失去再生能力。可防除稗草、马唐、牛筋草、看麦娘、狗尾草、野燕麦、狗牙根、芦苇、白茅等杂草。防除1年生禾本科杂草，在杂草3～6片叶时，每667米^{2}用5%精喹禾灵乳油40～60毫升，对水40～50升对茎叶喷雾处理。防除多年生禾本科杂草，在杂草4～6片叶时，每667米^{2}用5%精喹禾灵乳油130～200毫升，对水40～50升对茎叶喷雾处理。

(7)草甘膦　草甘膦为内吸传导型慢性广谱灭生性除草剂，通过茎叶吸收传导到植物各部位，防除杂草。草甘膦入土后很快与铁、铝等金属离子结合而失去活性，对土壤中潜藏的种子和土壤微生物无不良影响。可防除稗、狗尾草、看麦娘、牛筋草、马唐、苍耳、藜、繁缕、猪殃殃等1年生杂草，每667米^{2}用10%草甘膦水剂400～700克，对水20～30升喷雾；防除车前草、小飞蓬、鸭跖草、双穗雀稗草，每667米^{2}用10%草甘膦水剂750～1 000克，对水20～30升喷施；防除白茅、芦苇、香附、水蓼、狗牙根、蛇莓、刺儿菜等，每667米^{2}用10%草甘膦水剂1 200～2 000克，对水20～30升喷雾。已割除茎叶的杂草应在有足够的新生叶片时再施药。防除多年生杂草时把上述药量分2次，间隔5天施用能提高防效。

28. 如何正确使用除草剂?

(1)除草剂的类型　①选择性除草剂在一定剂量范围内使用，可以有选择地杀灭某些杂草，而对作物是安全的。②灭生性除草剂对所有植物均有灭杀作用，仅限于作为休闲田、空闲地的灭草。③触杀性除草剂只伤害植株接触到药剂的部位，对没有接触到药剂的部位无影响。④内吸传导性除草剂的有效成分可被植物的根、茎、叶吸收，并迅速传导到全株，从而杀灭有害植物。

(2)除草剂的选择　根据除草剂的杀草谱和生理特性，针对杂草发生特点合理选用除草剂。

(3)用药时期　①苗前用药。一般是指苗床播种后出苗前，或大田整地后播种前或定植前。②苗后用药。一般是指出苗后或移栽后，杂草长至3～4叶时。

(4)使用方法

①土壤处理　将除草剂喷、撒或泼浇到土壤表层，施药后一般不翻动土层，以免影响药效。但对于易挥发、光解和移动性差的除草剂，在土壤干旱条件下施药后应立即翻耙土表(3～5厘米深)。

②茎叶处理　选择性强的除草剂，在作物对除草剂抗性较强的生长阶段，采用喷施茎叶的方法。

③涂抹施药　在杂草高于作物时，把内吸性较强的除草剂涂抹在杂草上，涂抹时用药浓度要加大。此法适于田间杂草较少时灭草。

④覆膜除草　地膜覆盖栽培，喷施除草剂后覆盖地膜。此方法用药量一般较常规用药量减少1/4～1/3。

(5)遵循除草剂的混用原则　①混用的除草剂必须灭杀草谱不同。②混用的除草剂，使用适期与方法必须相同。③除草剂混合后，不能有沉淀、分层现象。④除草剂混合后，其用量为单一量的1/3～1/2。

不能混用的除草剂，应采用分期配合使用的方法，即对同一地块，交替使用不同的除草剂，或采取土壤处理与苗后茎叶处理相配合的方法。

(6)注意安全用药　①严格按照规定的用量、方法和程序配制使用，不得随意加大或减少药量，且喷洒要均匀，不漏施，不重施。②根据除草剂的针对性，选择正确的施用方法。③不宜在高温、高湿或大风天气喷施。一般应选择气温在20℃～30℃的晴朗无风或微风天气喷施。喷施时，喷孔方向要与风向一致，走向要与风向垂直或夹角不小于45°，并且要先喷下风处，后喷上风处，以防药液随风飘移，伤害附近敏感作物。④原则上不能随意与化肥或其他农药混合使用，以防发生药害。若一定要混合使用，应先试验后施用。喷施除草剂的喷雾器，用后一定要用清水彻底冲洗干净后再使用，否则易造成药害。⑤避开作物敏感期用药，进行茎叶处理，以在杂草2～6叶期喷施为好。⑥进行土壤处理的地块，一定要耕细整平，并且要做到喷布药液均匀，否则会降低药效。除草剂的药效和对作物的药害，是依沙土→壤土→黏重土的次序递减的，故在正常用量范围内，沙性土壤的用药量可少些，黏重土壤的用药量可大些。

八、苦瓜采收及采后处理与苦瓜商品性

1. 如何确定苦瓜的适宜采收期？

苦瓜的嫩瓜、成熟瓜均可食用。但为了保证食用品质和提高产量，苦瓜果实采收应掌握如下标准：青皮苦瓜表皮的条纹和瘤状粒已膨大并明显突起，果实饱满，有光泽，顶部的花冠变枯、脱落；白皮苦瓜除具有青皮苦瓜的采收标准外，瓜的前半部分明显地由绿色转为白绿色，表面光亮。

苦瓜采收过早，瓜肉还未充实，影响产量；采收过晚，则瓜老熟转黄，品质降低，同时也影响群体产量。苦瓜的适宜采收期因栽培地区、品种、栽培季节而不同，生产中要因时制宜适期采收，以保证苦瓜的商品性。

2. 采收期病虫草害防治对苦瓜商品性有哪些影响？

苦瓜采收期，营养生长和生殖生长同时进行，表现为植株生长繁茂，叶面积增大，田间郁闭，易发生病虫草害。采收期病虫草害防治，直接影响苦瓜的商品性，包括两个方面：一是正面影响。采收期病虫害的发生会对苦瓜叶片和果实造成危害，若及时有效地喷药防治，可以把危害控制到最低限度，使果实良好地生长，产量和商品率得到提高。二是负面影响。喷药防治病虫草害，若用药不当在苦瓜果实上产生农药残留，会影响苦瓜的内在品质，降低商品性。因此，在选用农药时一定要慎重，国家禁止使用的高毒、高残留农药严禁在苦瓜田使用。

3. 苦瓜果实采收后为什么会黄化？如何处理？

苦瓜果实在贮藏中易出现黄化现象，初发现时表现为果实色泽无光，渐渐由原色变黄。白皮苦瓜表现为白中带黄，绿皮苦瓜表现为绿中间黄。初发生时在果实中下部有少量黄点，渐由小到大，由轻到重，逐渐扩大为连片黄化斑块，果实由硬变软，最后整瓜变黄或腐烂，呈明显的后熟状，失去商品价值。如不及时去除，会加速其周围果实的黄化后熟进程。

苦瓜果实发生黄化，多与苦瓜贮藏库温度、气体成分、采收的成熟度和外伤等有关。贮藏温度过高，苦瓜呼吸作用增强，新陈代谢加快，促进苦瓜后熟；贮藏库高氧、低二氧化碳的气体环境，有利于苦瓜的新陈代谢，苦瓜后熟快；若采收的苦瓜瓜龄过大，成熟度高，更易促使苦瓜后熟的完成；苦瓜受到机械损伤后易产生乙烯，乙烯增多后可促使苦瓜呼吸强度增高，从而加快果实后熟速度。

苦瓜果实采收后在常温条件下很快后熟，货架期很短。为保证苦瓜的商品性，采收后应尽快进行预冷处理。方法是先在15℃条件下预冷处理，再放在10℃条件下贮藏。冷藏温度低于10℃易受冷害，空气相对湿度低于80%易失水变软，可用塑料薄膜包装以防失水。苦瓜对乙烯敏感，在贮藏和运输时要避免与易产生乙烯的番茄等果蔬混放。常用的预冷方法有真空预冷、冷风预冷、水预冷和接触性预冷。

(1)真空预冷　采用密闭的蔬菜贮藏库，抽出空气，使贮藏库处在低压的空气条件下(600帕，4.5毫米汞柱)，借助于蒸发植物体内水分而冷却的一种方式。这种方法冷却速度快，效果好，但设备条件要求较高，投资较大，发达国家应用较多，我国部分有实力的菜场已有使用。

(2)冷风预冷　①普通冷库预冷。即排管式蒸发器冷库预冷，是利用降低库内排管湿度，达到库内低温的目的。其预冷速度较慢，通常需要20～30小时。②送风式冷库预冷。把冷空气吹入冷库中，冷风可带走库内小部分水蒸气，使热量迅速散去，预冷速度较快，一般需6～7小时。③差压式预冷。利用吹风机械从一侧把冷风送入库中，又从另一侧用排风机械把库内热空气排出库外，利用气压差的原理，使气体快速流动。当气体经过苦瓜时，使苦瓜表面水蒸气蒸发，带走热量，降低温度。

(3)水预冷　①浸水法。把苦瓜浸在低温的水中，由水吸收苦瓜体内的热量。②淋水法。把苦瓜堆在预冷处，在苦瓜堆上安设喷淋水头，用冷水淋洗苦瓜，带走苦瓜体内的热量。③流水法。把苦瓜放进水池内，用流动的水带走苦瓜的热量。水预冷法预冷速度快，但需要大量的水。如果采用循环水，水要进行消毒处理，否则，会造成病菌侵染。另外，经过水冷却的苦瓜不能直接装车运输，需要先风干后再装车。否则，苦瓜表面结有水珠，易引起腐烂。水预冷法目前使用较少。

温馨提示：苦瓜预冷温度不可低于10℃，否则易受冷害，贮运应在恒定的低温条件下进行，忽热忽冷易使苦瓜腐烂。

4. 苦瓜采收后如何分级?

(1)分级方法　①按商品性状。具有本品种的基本特征，无畸形，无腐烂，具有商品价值。②按大小规格。白苦瓜的长度可分为：大30～40厘米；中20～29厘米；小15～19厘米。绿苦瓜的长度可分为：大25～30厘米；中20～24厘米；小15～19厘米。③包装规格。纸箱装，每箱装5～10千克。果实外面套泡沫袋，或依客户要求包装。

(2)分级标准　一级瓜个大，无机械损伤，无病斑虫害，无疵点；瓜面色泽光亮，幼嫩；瓜柄长3～4厘米；瓜形直且端正，粗细均匀。二级瓜个中等，无机械损伤，无病斑虫害，果实上允许有1～2处微小疤点；瓜面色泽较亮丽，幼嫩；瓜柄长3～4厘米。瓜形正常，弯曲度1厘米以内，粗细均匀。三级瓜个小，果实上允许有机械损伤、疵点；带瓜柄；瓜形一般，允许弯曲。

5. 贮藏条件对苦瓜商品性有何影响？

苦瓜果实采收后仍是活着的有机体。苦瓜在贮藏期间的呼吸作用是造成营养物质消耗、品质下降、抗病性减弱、微生物侵染以至腐败变质的主要因素。因此，苦瓜贮藏技术的基本原理就是有效地调节呼吸、控制呼吸。影响苦瓜呼吸作用的主要因素有温度、湿度和气体成分等。

(1)温度　在一定范围内，苦瓜的呼吸强度随温度的降低而减弱，低温可延迟呼吸高峰的出现，推迟衰老期的到来，从而延长贮藏期。苦瓜最适宜的贮藏温度为10℃～13℃，过低易发生冷害或冻害，过高呼吸作用增强，后熟黄化快。

(2)湿度　贮藏中的苦瓜在不断地蒸发水分，当损失原有重量5%的水分时，就明显地呈现萎蔫状态，不仅降低外部商品性状，而且使正常的呼吸作用受到破坏，细胞内可塑性物质加速水解，而降低内在品质。苦瓜贮藏库空气相对湿度以85%～95%为宜。

(3)气体成分　减少贮藏库内的氧气，增加二氧化碳，可以降低苦瓜果实呼吸强度，延长贮藏时间。但在一定的温度条件下，苦瓜对这2种气体的浓度比例有一定的要求。如二氧化碳的浓度过高或氧气的浓度过低，就会导致无氧呼吸，伤害苦瓜细胞组织，出现生理病害；而氧气过高时会使苦瓜呼吸作用增强，使苦瓜后熟加快而失去商品价值。苦瓜贮藏期间释放的乙烯，会引起呼吸加速，尤其是受到机械损伤后，乙烯增多则是呼吸强度增高的重要原因。

综上所述，苦瓜贮藏保鲜应采取保持低温、控制果实内的水分蒸发、调节气体环境、清除乙烯气体等措施，以达到控制呼吸活动，减少物质消耗；贮藏应采收开花后 12～15 天的苦瓜；严格采后挑选分级，剔除机械损伤的果实；入库前后严禁创伤和挤压果实，以免黄化后熟。

6. 苦瓜的贮藏方法主要有哪些？

(1)速冻贮藏　选鲜嫩、无病虫害的苦瓜果实放到清水中洗净，去籽去瓤切成瓜圈、瓜块或瓜片，盛于竹篮内，连篮浸入沸水中烫漂 0.5～1 分钟，不停地搅动，使苦瓜漂烫均匀。烫漂后捞出，迅速浸入冷水中冷却，使苦瓜温度在短时间内降至 5℃～8℃。捞出苦瓜放入竹筐内沥干，再立即放入冷库内速冻，库内温度应控制在－30℃，以苦瓜温度达－18℃为宜。在速冻过程中翻动 2～3 次，促进冰晶形成并防止瓜体间冻成坨。速冻后的苦瓜，用食品袋装好封口，再装入纸箱。装箱后放入已消毒的－18℃冷库，一般可贮藏 6～8 个月。

(2)地窖贮藏　选地下库、地窖、防空洞等作贮藏库，并采取必要的通风措施。将预贮的苦瓜装箱、装筐或堆放在菜架上作短期贮藏。贮藏温度控制在 13℃～15℃，空气相对湿度控制在 85%～90%。可随用随取。

(3)鲜瓜冷库贮藏　将经预冷处理的苦瓜果实，装入经漂白粉洗涤消毒后的竹筐或塑料篮中，放入冷库中贮藏。冷库温度控制在 10℃～13℃，空气相对湿度控制在 90%左右。

(4)鲜瓜气调贮藏　有条件的可采用此种方法。人为改变贮藏产品周围的大气组成，使氧气和二氧化碳浓度保持一定比例，以创造并保持产品所要求的气体组成。气调可与冷藏配合进行，也可在常温下进行。苦瓜气调贮藏温度为10℃～18℃，氧气分压为2%～3%，二氧化碳浓度在5%以下。气调贮藏比较简单的方法是薄膜封闭贮藏，其中又分为塑料帐封闭贮藏和薄膜包装袋封闭贮藏。

温馨提示：上述4种方法均可用于运输途中。

7. 运输对苦瓜商品性有何影响？运输方法有哪些？

（1）运输的影响　苦瓜在运输过程中，常常会出现因失水而萎蔫，因温度高而黄化、因创伤而后熟变质、因高温高湿而感病等问题，影响苦瓜的商品性。比如，夏秋季节采用普通车辆运输苦瓜，由于高温影响，苦瓜失水萎蔫；冬季运输苦瓜如不注意保暖，苦瓜受冻害后也易失水。

（2）长途运输方法　苦瓜长途运输可选择公路或铁路运输，以冷藏车运输为好。运输途中车内温度保持13℃～15℃，空气相对湿度保持90%左右。具体选用哪种运输方式，应根据路程、运输成本、市场销售信息等决定。一般来说，火车运输成本相对较低，运输量较大，但需提前申请车皮计划。汽车运输相对灵活，但成本稍高。如果所运货源不多且市场急需调运时，应采取冷藏汽车运输。如果货源量大、路途远、不考虑时间对销售市场的影响，可选择火车运输。

生产中采摘时应选择健壮、瓜龄适宜、无病的果实作为长途运输货源。采后严格进行挑选和分级，包装时轻拿轻放，单瓜包装装筐，防止机械创伤。运输时选用坚实的包装箱或塑料筐，码垛不宜太高，避免压伤。苦瓜皮薄易碰伤，创伤后易产生乙烯，加速老熟。因此，包装、装车和卸车时均要格外小心，防止碰伤。

（3）短途运输方法　苦瓜短途运输可采用常温运输。炎热天气或雨天，要有遮阴和遮雨设施，防止日晒和雨淋。严冬季节要采用防寒措施，如盖棉被或稻草苫等。应采用加衬的筐装，若散装则要码放牢固并加铺垫。包装、装车和卸车时操作要格外小心，以防碰伤，加速老熟。

九、苦瓜安全生产与苦瓜商品性

1. 何谓苦瓜无公害安全生产？关键技术有哪些？

苦瓜无公害安全生产，是指所生产的苦瓜产品中农药残留量、硝酸盐含量和“三废”等有害物的含量必须符合或低于国家食品卫生标准。苦瓜无公害安全生产，应抓好苦瓜生产基地环境条件的选择、农药及肥料的安全使用等关键技术。

(1)环境条件　一是苦瓜田必须远离有“三废”污染的工厂、医院和生活区，不在曾堆填过垃圾、工业或医院废料和被确定为受“三废”污染的地块种植苦瓜。二是不得使用工业、生活废水或洗涤用水等被污染的水源作灌溉水。三是搞好排灌系统，尽量做到灌、排水分渠，避免串灌。四是搞好苦瓜田园清洁，防止病虫、细菌感染。总之，苦瓜无公害安全生产，应选择地势高燥、排灌方便、土层深厚、疏松肥沃的地块，产地环境应符合国家农业部 NY 5010 规定。

(2)农药使用　严格按照《中华人民共和国农药管理条例》和国家农业部、卫生部等部委《关于严禁在蔬菜生产上使用高毒高残留农药，确保人民食菜安全的通知》等文件规定，禁止使用高毒、高残留农药及其混配剂，包括拌种及杀灭地下害虫等；低毒、低残留农药应按规定使用，不得随意增加使用浓度和次数；用药的商品，要达到安全间隔期后才能采收、出售和食用；推广使用生物农药和低毒、低残留农药，尽量使用对天敌安全的农药及其混配剂；农药应合理交替使用。

(3)肥料使用　为保证商品苦瓜中硝酸盐含量不超过 432 毫克/千克，肥料使用必须做到：①不单一使用氮肥，氮磷钾肥合理搭配使用。可使用无公害蔬菜专用复混肥、有机肥和有机无机多元复合肥。②有机肥必须经腐熟处理后才能使用。③不得使用垃圾肥料。

2. 苦瓜安全生产中各生产环节的关系是什么？

苦瓜无公害安全生产包括生产基地选择、栽培管理过程、产品质量监测和产品标志认证等环节，是一个完整的系统工程，缺一不可。生产基地选择是基础，栽培管理过程是关键，产品质量监测是保证，产品标志认证是结果。也就是说，只有选择适合苦瓜栽培的产地环境不受污染的生产基地，才能奠定苦瓜无公害安全生产的基础。如果生产基地遭受“三废”污染，后续工作做得再好也不可能生产出无公害苦瓜产品；栽培管理过程是苦瓜无公害安全生产的关键，哪项管理措施出问题都会影响苦瓜产品质量（商品性）。如农药选择或使用不当，会造成苦瓜产品农药残留量超标，氮肥使用不当会造成苦瓜产品亚硝酸盐残留超标，栽培管理不到位植株生长不良会使苦瓜产量和商品性降低；产品质量监测是保证无公害苦瓜产品质量的重要环节，苦瓜产品经过质量监测，符合国家无公害蔬菜产品质量标准，获得产品标志认证，说明基础工作和生产管理过程是有效的，达到了无公害安全生产目的，同时也是苦瓜商品性高的具体体现形式。

3. 苦瓜安全生产可遵循的标准有哪些？

目前我国苦瓜无公害安全生产应遵循以下标准：

GB 4285－1989　农药安全使用标准。

GB/T 8321(所有部分) 农药合理使用准则。

NY 5010 无公害食品 蔬菜产地环境条件。

NY/T 5077—2002 无公害食品 苦瓜生产技术规程。

NY 5074—2005 无公害食品 瓜类蔬菜。

以上标准从农药安全使用标准、农药合理使用准则、蔬菜产地环境条件、苦瓜生产技术规程和无公害食品瓜类蔬菜的质量要求、相关质量测试方法、检验规则、产品标志标签、产品包装运输和贮藏等内容，对苦瓜无公害安全生产以法规的形式予以规范，以实现苦瓜无公害安全生产。

4. 苦瓜安全生产对产地空气、土壤及灌溉水质量的要求是什么?

苦瓜无公害安全生产，产地空气质量指标、土壤质量指标、灌溉水质量指标如表 9-1、表 9-2、表 9-3 所示。

表 9-1 无公害蔬菜产地环境空气质量指标

项目		浓度限量	
		日平均	1 小时平均
总悬浮颗粒物(标准状态)，毫克/米^3	≤	0.30	—
二氧化硫(标准状态)，毫克/米^3	≤	0.15	0.50
二氧化氮(标准状态)，毫克/米^3	≤	0.12	0.24
氟化物(标准状态)	≤	7 微克/米^3	20 微克/米^3
		1.8 微克/米^3	—

注1. 日平均指任何 1 日的平均浓度。

2. 1 小时平均指任何 1 小时的平均浓度。

表 9-2　无公害蔬菜产地土壤环境质量指标

项　目	含量限值		
	pH 值<6.5	pH 值 6.5～7.5	pH 值>7.5
镉,毫克/千克 ≤	0.30	0.30	0.60
汞,毫克/千克 ≤	0.30	0.50	1.00
砷,毫克/千克 ≤	40	30	25
铅,毫克/千克 ≤	250	300	350
铬,毫克/千克 ≤	150	200	250
铜,毫克/千克 ≤	50	100	100

注:以上项目均按元素量计,适用于阳离子交换量>5 厘摩/千克的土壤,若≤5 厘摩/千克,其标准值为表内数值的半数。

表 9-3　无公害蔬菜产地灌溉水质量指标

项　目	浓度限值
pH 值	5.5～8.5
化学需氧量,毫克/升 ≤	150
总汞,毫克/升 ≤	0.001
总镉,毫克/升 ≤	0.005
总砷,毫克/升 ≤	0.05
总铅,毫克/升 ≤	0.10
铬(六价),毫克/升 ≤	0.10
氟化物,毫克/升 ≤	2.00
氰化物,毫克/升 ≤	0.50
石油类,毫克/升 ≤	1.00
粪大肠菌群,个/升 ≤	10000

5. 苦瓜安全生产的施肥原则和要求是什么？

肥料对苦瓜造成的污染有两种，一是肥料中的有害、有毒物质如病菌、寄生虫虫卵、毒气、重金属等污染；二是氮素肥料的大量施用造成硝酸盐在苦瓜果实内积累。因此，苦瓜安全生产施肥应以有机肥为主，其他肥料为辅；以基肥为主，追肥为辅；以多元复合肥为主，单元肥料为辅。

(1)*重施有机肥，少施化肥*　有机肥具有肥效长、供肥稳、肥害小等优点。充足的有机肥，能不断供给苦瓜整个生育期对养分的需求，有利于苦瓜品质的提高。有机肥充分腐熟后施用，如农作物秸秆和畜禽粪经过沤制或高温堆积发酵充分腐熟方可施用。农作物秸秆加入速腐剂可直接还田，但将其粉碎后，堆腐发酵效果更好。堆腐发酵方法是每100千克粉碎的秸秆加入秸秆速腐剂1～2千克，混匀堆垛后表面用泥封严，一般20天左右即可成肥。

(2)*重施基肥，少施追肥*　苦瓜属于高氮、高钾型的蔬菜，每生产1000千克果实，需从土壤中吸取氮5.28千克、五氧化二磷1.76千克、氧化钾6.89千克。苦瓜生育期长，连续开花结瓜能力强，产量高，需肥量大。前期需氮较多，中后期需磷、钾较多。因此，安全无公害苦瓜生产应重施基肥，控制追肥。一般将总施肥量的2/3作基肥，1/3作追肥，并注意肥料深施。

(3)*化肥限制施用*　氨或铵盐在有氧条件下能被氧化成硝酸盐，氮素化肥施入过多时，会使土壤和植物体内亚硝酸盐含量增高，而且多余的亚硝酸盐还会污染地下水源。因此，生产绿色苦瓜原则上限制施用化肥，生产中确需施用化肥时，要科学合理施用。可用于绿色苦瓜生产的化肥有尿素、磷酸二铵、硫酸钾、钙镁磷肥、矿物钾、过磷酸钙等。施用化肥时应注意以下几点：①禁止施用硝态氮肥。②控制氮肥用量，以产定氮，一般每667米^{2}产量在

3 000千克左右时，施氮量应控制在纯氮15千克以内。③早施深施。一般铵态氮肥施于6厘米以下土层，酰铵态氮肥如尿素施于10厘米以下土层。实践证明，尿素施用前进行处理，可提高肥效，减少污染。处理方法为：1份尿素，8～10份干湿适中的田土，混拌均匀后堆放于干爽的室内，下铺上盖塑料薄膜，堆闷7～10天，作追肥穴施当天即可发挥肥效。④与有机肥、微生物肥配合施用。配合施肥具有肥效长、改良土壤和提高肥效的作用，并能减少硝酸盐的含量，改善苦瓜品质。因此，绿色苦瓜生产应积极推广使用根瘤菌肥、磷细菌肥、活性钾肥、固氮菌肥、硅酸盐细菌肥、腐殖酸类肥料等，如龙飞大三元有机无机微生物肥。⑤重视微肥的施用。微量元素在植物体内的作用，是不可缺乏和替代的。当供给不足时，往往表现出特定的缺乏症状，产量降低，质量下降，严重时可能绝产。增施微量元素肥料，有利于提高苦瓜产量和商品性。

(4)合理施肥　不同的土质、不同的苗情、不同的季节，施肥种类和施肥方法要有所不同。低肥力水平地块，可适当增施氮肥和有机肥，以培肥地力。苗期和结瓜盛期，施氮肥利于苦瓜早发快长。夏秋季节气温高，硝酸盐还原酶活性高，不利于硝酸盐的积累，可适量施用氮肥以提高苦瓜的产量。

6. 苦瓜安全生产农药的使用原则和要求是什么？

苦瓜安全生产病虫害应以防为主，进行综合防治，尽量少用和不用化肥农药。使用农药时必须遵循“严格、准确、适量”的原则。

(1)选择药剂严格安全间隔期　苦瓜无公害生产应优先使用生物农药，有选择地使用高效、低毒、低残留的化学农药。可选择使用的杀虫杀螨剂有苏云金杆菌、阿维菌素、拟除虫菊酯类、苯甲酰脲类、植物提取物类、昆虫激素类以及合成农药甲基甲酸酯类如杀虫双、吡虫啉和抑食肼等。杀菌剂有铜类、无机硫类、取代苯类、酰胺类、抗生素类、生物源类等。

最后1次施药距采收时间为安全间隔期,间隔期越短,则果实内农药残留量越多;反之,则越少。因此,生产者一定要严格掌握各种农药的安全间隔期,一般生物农药的安全间隔期为3～5天,菊酯类农药为5～7天,有机磷农药为7～10天,杀菌剂除百菌清、多菌灵为14天以上外,其余均为7～10天。

(2)适期防治对症下药 病虫害在田间发生发展都有一定的规律性,生产中应根据病虫的消长规律,准确把握防治适期并选用适宜的农药。例如,菜青虫、小菜蛾春季防治应掌握"治一压二"的原则,即防治一代、压低二代的虫口基数;红蜘蛛应掌握在点、片发生阶段防治;苦瓜病毒病与苗期蚜虫有关,苗期防治好蚜虫,病毒病的发生率明显降低。同时,应根据病虫害的发生情况,准确选择药剂和施药方法。能挑治的绝不普治,能局部处理的绝不普遍用药。无公害苦瓜生产要尽量减少用药,做到施最少的药,达到最理想的防效。

(3)交替适量用药 交替适量用药是科学安全高效防治病虫害的重要手段。首先正确诊断和识别病虫害,然后针对性地选择药剂种类和浓度、用量,并交替用药,以增强药效,延缓病虫害产生抗药性。达到安全高效的防治目的。

7. 苦瓜安全生产禁用、限用的农药有哪些?

(1)国家明令禁止使用的农药品种 主要有六六六、滴滴涕、毒杀芬、二溴氯丙烷、杀虫脒、二溴乙烷、除草醚、艾氏剂、狄氏剂、汞制剂、砷、铅类制剂,敌枯双、氟乙酰胺、甘氟、毒鼠强、氟乙酸钠、毒鼠硅。

(2)不得使用和限制使用的农药品种 甲胺磷、甲基对硫磷、对硫磷、久效磷、磷胺、甲拌磷、甲基异柳磷、特丁硫磷、甲基硫环磷、治螟磷、内吸磷、克百威、涕灭威、灭线磷、硫环磷、蝇毒磷、地虫硫磷、氯唑磷、苯线磷。

8. 苦瓜安全生产可以使用的农药及施用方法是什么？

苦瓜安全生产，一定要按照苦瓜无公害生产技术规程的要求，合理选择和使用农药，严格掌握农药使用方法及间隔期。生产中主要病虫害防治用药方法可参照表 9-4。

表 9-4　无公害苦瓜生产病虫防治用药一览表

防治对象	农药名称	使用方法	安全间隔期(天)
猝倒病	72.2%霜霉威盐酸盐水剂	1500 倍液喷雾	7
	64%噁霉灵可湿性粉剂＋50%代森锰锌可湿性粉剂	1500 倍液＋500 倍液喷雾	3
	75%百菌清可湿性粉剂	800 倍液喷雾	5
白粉病	50%醚菌酯干悬浮剂	2500 倍液喷雾	5
	30%氟菌唑可湿性粉剂	1500 倍液喷雾	5
霜霉病	72%霜脲·锰锌可湿性粉剂	600 倍液喷雾	7～10
	50%烯酰吗啉可湿性粉剂	2000 倍液喷雾	7～10
	60%氟吗·锰锌可湿性粉剂	600 倍液喷雾	7～10
疫　病	58%甲霜灵可湿性粉剂	600 倍液喷雾	5
	60%氟吗·锰锌可湿性粉剂	600 倍液喷雾	7
	72.2%霜霉威盐酸盐水剂	800 倍液喷雾	5

续表 9-4

防治对象	农药名称	使用方法	安全间隔期(天)
炭疽病	50%甲基硫菌灵可湿性粉剂+75%百菌清可湿性粉剂	各 800 倍液喷雾	7
	80%福·福锌可湿性粉剂	800 倍液喷雾	5
	50%咪鲜胺可湿性粉剂	1500 倍液喷雾	10
病毒病	50%吗胍·乙酸铜可湿性粉剂+10%混合脂肪酸水剂	600 倍液喷雾	3
	20%盐酸吗啉胍可湿性粉剂	500 倍液喷雾	3
蚜虫	10%吡虫啉可湿性粉剂	1000 倍喷雾	7
	20%吡虫啉可溶性粉剂	4000 倍液喷雾	5
瓜绢螟、棉铃虫	5%氟虫脲乳油	1500 倍液喷雾	7
	48%毒死蜱乳油	800 倍液喷雾	5
	15%茚虫威悬浮剂	3000 倍液喷雾	7～10
瓜实蝇	2.5%溴氰菊酯乳剂	3000 倍液喷雾	3～5
	48%毒死蜱乳油	2000 倍液喷雾	3
地老虎	50%辛硫磷乳油	2000 倍液灌根	7～10
	48%毒死蜱乳油	1500 倍液灌根	7

9. 安全农产品的含义及标志是什么?

(1)无公害农产品　产地环境、生产过程、最终产品质量符合无公害农产品的规范,并使用无公害农产品标志的农产品。无公害农产品生产过程中允许限量、限时使用化肥、农药。无公害农产品标志许可使用期为2年，期满后要求继续使用的，须在许可使用期满前3个月重新申报。通俗地说，无公害农产品应达到优质、卫生。优质指的是品质好、外观美、维生素和可溶性糖含量高，符合食品营养要求；卫生指的是：①农药残留不超标，不含禁用的剧毒农药，其他农药残留不超过标准允许量。②硝酸盐含量不超标，一般控制在432毫克/千克以下。③工业“三废”和病原菌微生物等含量不超标。无公害农产品标志见图9-1。

图9-1 无公害农产品标志

(2)绿色食品　是指按照特定生产方式生产、加工，经专门机构认定，许可使用绿色食品标志的，无污染的安全、优质、营养丰富的食品。我国绿色食品分为AA级和A级。通过绿色食品认证的农产品可以使用绿色食品标志，有效期为3年。期满后，必须重新提出认证申请，获得通过可继续使用，但须更改标志上的编号。从重新申请到获得认证时间为半年，这半年中，允许继续使用绿色食品标志。AA级、A级绿色食品的区别为：AA级绿色食品在生产过程中，完全不使用农药、化肥等化学合成物质，产品质量等同于发达国家或地区的有机食品;A 级绿色食品在生产过程中允许限量使用限定的化学合成物质。绿色食品标志见图 9-2。

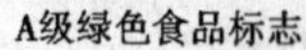

A级绿色食品标志　　AA级绿色食品标志

图 9-2　绿色食品标志

(3)有机食品　按照有机农业原则和有机农产品生产、加工标准生产出来的,经过有机农产品认证组织颁布证书的农产品。是一种完全不使用化学合成的化肥、农药的生产体系。标志中间类似于种子的图形代表生命萌发之际的勃勃生机,象征了有机产品是从种子开始的全过程认证,证书有效期为 1 年。有机食品标志见图 9-3。

图 9-3　有机食品标志

按照食品的安全性和品位，生产中尊重自然环境的程度，安全食品的排序为：

有机食品→AA 级绿色食品→A 级绿色食品→无公害食品→普通食品。

10. 苦瓜无公害栽培的关键技术有哪些？

苦瓜无公害栽培，应把好产地选择与改善关、种植过程无害化关、果实残留毒物检测关，抓好产地环境、品种选用、培育壮苗、健壮栽培、病虫防治、质量检测 6 个环节。

（1）产地选择　生产基地的选择和改善是确保无公害苦瓜生产的基本要求。无公害苦瓜产地的立地条件，应是离工厂、医院等 3 千米以外的无污染源区；种植地块应排灌方便，灌溉水质符合国家规定要求；土壤应土层深厚肥沃，结构性好，有机质含量达 2% 以上。生产基地有一定规模，土地连片便于轮作，交通运输方便。

（2）改善田间生态条件　改善生产条件主要完善田间水利设施，健全排灌系统；改善土壤理化性状和团粒结构；健全田间道路网络，便于机械化作业；提倡与不同蔬菜间作套种；清洁田园，改善生态环境。

（3）安全栽培技术　苦瓜安全栽培应以提高植株的抗逆性和抗病虫能力，达到少用药或尽量不用药的目的。主要措施是选用抗病品种并进行种子消毒，适期播种，培育壮苗，科学管理，合理浇水施肥。施肥应以优质腐熟有机肥为主，辅以矿物质化学肥料。禁止使用城市垃圾肥料，严格控制氮肥施用量。

（4）病虫害综合防治　病虫害综合防治是无公害苦瓜生产最关键技术之一。通过选用抗病虫品种和合理轮作，提高苦瓜对病虫害的抵抗能力和减少病虫害的发生；利用防虫网，阻止新的害虫侵入，压低害虫基数、切断病虫害传播途径；加强栽培管理，改善田间生态系统，创造有利于苦瓜生长发育而不利于病虫发生、发展的环境条件，创造有利于利用生物或其代谢产物控制有害植物种群、有害微生物，或减轻其危害程度的环境条件。化学农药防治苦瓜病虫害应选用高效低毒、低残留药剂，对症下药，科学合理用药，做到既防治病虫危害，又减少污染，使苦瓜果实的农药残留量控制在国家允许的范围内。

11. 苦瓜绿色栽培的关键技术有哪些？

（1）产地选择　绿色苦瓜栽培必须选择生态环境良好，无工业三废与医疗废弃物的污染，土壤重金属和农药残留量符合绿色苦瓜生产规定限量标准的生产基地。

（2）培育健壮苗　绿色苦瓜栽培应选用高产优质、抗病、适于当地或季节栽培的苦瓜品种，并实行严格的轮作制度，充分发挥品种的增产优势。严格进行种子和土壤消毒处理，采用嫁接技术，培育健壮无病苗。前茬作物收获后对土壤实行夏季翻耕、强光暴晒，或采取其他方法进行消毒处理，以减少土传病虫害的发生。

（3）科学施肥　绿色苦瓜栽培的施肥原则是：以有机肥料为主，其他肥料为辅；以基肥为主，追肥为辅；以多元复合肥为主，单元肥料为辅。一是重施有机肥，少施化肥。二是科学施用氮肥。每 667 米^2 纯氮施用量 15～20 千克，其中 60%～70%作基肥，30%～40%作追肥。三是平衡施肥。各种肥料配合使用，尤其是氮、磷、钾及微量元素肥料合理配比，能显著降低硝酸盐含量，以保证苦瓜的优良品质。

（4）病虫害综合防治　绿色苦瓜生产，病虫害防治应采取预防为主，农业防治、物理防治、生物防治、化学防治相结合的综合防治方法。在苦瓜生长发育期间做好病虫测报工作，根据病虫防治指标选择高效低毒、低残留农药进行适期防治。收获前 10 天不得使用化学农药，收获前5天不得使用生物农药。在防治过程中要合理交替用药，防止病虫产生抗药性和对环境造成污染。

12. 苦瓜有机栽培的关键技术有哪些？

有机苦瓜栽培不能使用化学合成的农药、肥料、植物生长调节剂和基因工程生物及其产物。是一种与自然相和谐的集生物学、生态学、环境条件等为一体的现代农业方式。

(1)产地选择　产地环境主要包括大气、水、土壤等因子。一是基地周围不得有大气污染源，环境空气质量符合GB 3095质量标准。二是田园地块排灌系统与常规地块应有隔离措施，灌溉水质必须符合GB 5084农田灌溉水质标准。三是土壤耕性良好，3年内未使用违禁物质，不含重金属等有毒有害物质。新开荒地要经过至少1年的转换期，常规蔬菜种植向有机蔬菜种植需2年以上转换期。

(2)施肥技术　适合种植有机苦瓜的肥料有：有机肥料、矿物源肥料以及一些厂家生产的、允许在有机苦瓜上施用的纯有机肥和生物有机肥。生产中须注意用于堆制有机肥的微生物添加剂必须来自于自然界，而不是基因工程产物；自制有机肥要经过充分腐熟；堆肥和沤肥，必须通过发酵杀灭其中的寄生虫卵和各种病原菌；种植绿肥要在鲜嫩时切碎翻入土壤进行腐熟分解，或通过堆肥的方式制肥；矿物源肥料中的重金属含量应符合有机食品的要求；施肥时要避免各元素之间的拮抗影响。有机苦瓜栽培要根据不同的生产情况科学施肥，盲目大量施用有机肥同样可导致亚硝酸盐超标等危害。

(3)病虫害防治技术　病虫害防治是有机蔬菜种植中的难点和重点，生产中应采取预防为主，综合防治的方法。

①农业防治　利用植物本身抗性和栽培措施控制病虫害的发

生和发展，主要措施：一是选用抗多种病虫害，并适合当地消费者习惯和种植条件的品种。但不能使用转基因品种。二是使用嫁接、轮作、间作技术，打乱病原菌和害虫的生活规律，提高苦瓜自身抵抗力。例如，嫁接换根可有效防止土传病害；水旱轮作会在生态环境上改变和打乱病虫发生的小气候规律，减少病虫害的发生和危害。三是冬天深耕翻土，可杀死越冬虫卵。夏季高温期间田间灌水后，在畦面上覆盖塑料薄膜，利用太阳能产生的高温，对土壤进行消毒等。

②物理防治　一是利用遮阳网、防虫网进行苦瓜覆盖栽培，阻止害虫的侵入和产卵。二是采用频振式杀虫灯、诱色纸等诱杀害虫。三是育苗时在苗床上方悬挂银灰色反光塑料薄膜避蚜。四是在温室悬挂黄色粘板，诱杀白粉虱、美洲斑潜蝇、有翅蚜等害虫。五是人工摘除斜纹夜蛾等卵块。

③生物防治　是利用有益微生物进行病虫害防治的方法。在农事活动中，注重保护利用自然天敌，或人工繁殖、释放、引进捕食性天敌。捕食性天敌有塔六点蓟马、小花蝽、小黑隐翅甲、中华草蛉、大草蛉、瓢虫和捕食螨等；寄生性天敌有赤眼蜂、茧蜂、土蜂、平腹小蜂等。另外，还可以用苏云金杆菌和各种多角体病毒防治病虫害。

十、苦瓜标准化生产与苦瓜商品性

1. 什么是苦瓜标准化生产?

苦瓜标准化生产,就是以先进的科技成果和生产实践为基础,依据国家制定的有关无公害食品或绿色食品的质量标准和法规,科学运用“统一、简化、协调、优选”的标准化生产原则,对苦瓜生产的产前、产中、产后加工及经营销售等环节,实施全程质量监控,以确保苦瓜产品安全优质,并实现经济、生态、社会效益的最大化。苦瓜标准化生产具有“统一性、先进性、协调性、法规性和经济性”的特点。苦瓜标准化生产的内容主要包括:品种选择、产地条件、标准化育苗技术、标准化栽培技术、病虫草害标准化防治技术、标准化加工及贮藏保鲜技术等。

2. 苦瓜标准化生产的意义是什么?

第一,是实现苦瓜优质高效的重要保证。目前,我国苦瓜生产已从单纯的高产向优质高效方向发展,产品按质论价,优质优价。因此,严格按照苦瓜标准化生产法规和技术规程对产前、产中、产后各个环节进行全程质量监控,可以有效保证苦瓜生产优质高效。

第二,是增强苦瓜产品市场竞争力和提高出口创汇能力的必然选择。苦瓜果实营养丰富,既是食品,又是保健品,可鲜食和加工,是出口创汇的重要蔬菜。但是,由于近年来一些发达国家在国际贸易中构筑农业技术壁垒,使我国的农产品出口受限。因此,大力推进农业标准化生产，促进苦瓜产品质量升级，对扩大我国苦瓜产品的出口创汇有重要意义。

第三，能促进苦瓜科技成果的迅速转化。苦瓜标准化生产的核心，是不断地将苦瓜生产新技术、新成果、新材料集成为生产者易于掌握的技术标准和生产模式应用于生产。因此，苦瓜标准化生产不仅能促进苦瓜科研成果和新技术的转化与推广，而且也有利于生产者观念的更新，全面提高生产者的科技水平。

第四，是苦瓜产业可持续发展的必由之路。苦瓜产业的可持续发展有赖于产地环境、生产设施、品种选用、栽培管理技术、病虫草害的综合防治等方面实现标准化，而标准化生产水平的不断提高，又能有力地推动苦瓜生产的进一步发展。

3. 苦瓜标准化生产基地应具备什么条件？

第一，生产基地环境（土壤、水、大气）质量符合国家有关标准。

第二，栽培区域相对集中，并具有一定规模。

第三，参照现行苦瓜生产标准，结合实际制定相应的苦瓜种植技术操作规程。

第四，基地管理体系及服务体系比较健全。

第五，产品出口率或商品率高，市场份额大。

第六，生产安全、无公害、绿色、有机苦瓜产品。

第七，实行产业化经营，龙头企业带基地，基地带农户。

第八，经营管理上有独立的法人。

第九，基地产品有注册商标。

第十，当地政府重视，有相应的标准化基地建设发展规划及配套政策措施。

4. 苦瓜标准化生产应从哪些方面进行规范管理?

苦瓜标准化生产是一项系统工程,基础工作是苦瓜标准化生产体系、苦瓜质量监测体系和苦瓜产品评价认证体系建设。在这三大体系中,标准化生产体系是基础中的基础,只有建立健全涵盖苦瓜生产的产前、产中、产后各环节的标准体系,苦瓜生产经营才有章可循、有标可依;质量监测体系是保障,为有效监督苦瓜生产投入物资和苦瓜产品质量提供科学的依据;产品评价认证体系则是评价苦瓜产品状况、监督苦瓜标准化进程、促进品牌和名牌战略实施的重要基础体系。

苦瓜标准化生产的核心工作是标准的实施与推广,是标准化生产基地的建设与蔓延,由点及面,逐步推进,最终实现苦瓜生产的基地化和基地的标准化。同时,苦瓜标准化生产的实施还必须有完善的苦瓜质量监督管理体系、健全的社会化服务体系、较高的产业化组织程度和高效的市场运作机制作保障。

5. 苦瓜标准化生产如何进行采后商品化处理和贮运?

(1)检测 苦瓜标准化生产,产品上市销售前,必须进行抽样检测,以保证苦瓜产品的安全性和健康性。检测重点为重金属元素和农药残留量等。

(2)分级 苦瓜果实达到一定商品标准后,即可采收。采收后先分级再包装。按瓜个大小长短、形状及色泽等外部性状进行挑选分级。同一品种按果实大小分级,品种不同或果形不同,应分别挑选分级。挑选分级时,剔除病瓜、创伤瓜、畸形瓜等不合格产品。

(3)包装 根据不同的市场需求,采用不同等级的包装材料包装。分级后的苦瓜,按照不同的级别,先用包装软纸或发泡网套包装单个果实。短距离运输销售,可用聚乙烯薄膜袋包装;远距离运输销售,可用硬纸箱包装;出口苦瓜应按出口国要求标准包装。包装容器必须清洁干燥,牢固美观,无毒无异味,内无尖物,外无钉头尖刺。纸箱无受潮离层现象,每箱净重以不超过 10 千克为宜。

包装箱体上除了要有一些彩印的图案外,还要有品名、级别、品种、净重、生产厂家和商标等主要信息。如果通过国家无公害或绿色食品生产认证的生产基地,还要有无公害或绿色食品的标志和认证号码。另外,还可注明堆码层数。高档包装可把编号变为条码标识,便于防伪。

(4)贮 运

①贮藏 一是地窖或地下通风库贮藏。将预冷后的苦瓜装箱或装筐,码放在地窖、地下库、防空洞等地下设施,采取必要的通风措施,作短期贮藏。贮藏室温度应控制在 15℃左右,空气相对湿度控制在 85%左右。贮藏期间注意勤检查,发现有问题的果实及时拣出,并可随拣随卖。二是冷库贮藏。将经过预冷处理的苦瓜装入经过消毒的塑料筐内,码放在冷库中。库温应控制在 10℃～13℃,空气相对湿度控制在 85%左右,可作较长时间的贮藏。三是气调贮藏。通过调节贮藏室的气体组成,适当降低氧气浓度,提高二氧化碳浓度,使两种气体保持在较稳定的水平。此法与机械冷藏相结合,使温度、湿度、气体等环境因素控制在一个较适宜的水平内,可大大提高贮藏效果。苦瓜气调贮藏温度可控制在 10℃～18℃,氧分压控制在 2%～3%,二氧化碳的分压控制在 5%以下。气调贮藏苦瓜可采取简单的自发性气调贮藏方法即薄膜封闭贮藏,包括塑料薄膜帐封法和塑料袋封法。帐封法是在苦瓜堆垛四周用塑料薄膜帐篷包围封闭的方法,多采用 0.1～0.2 毫米厚的聚乙烯或其他无毒塑料薄膜压制成长方体密封帐篷,此法贮藏

量较大;袋封法是将苦瓜装在塑料薄膜袋内,扎紧袋口或热合封闭的方法。塑料袋多用0.02～0.08毫米厚的聚乙烯薄膜压制而成,此法贮藏量较小,一般仅装几千克,最多装20～30千克。

②运输　苦瓜产品主要采取汽车和火车两种运输方式,为减少运输途中的损耗,使产品损失降到最低限度,要特别注意运输途中的每一个环节,严格控制水分损失和机械创伤。遵循"安全运输和快装快运、轻装轻卸"的原则,运输途中应防止日晒、雨淋和环境过热、过冷,尽量减少震动。苦瓜调运最好采用机械冷藏车或加冰式(保温式)普通棚车,使运输途中的苦瓜保持适宜的温度。长途运输,到达目的地后,要及时卸车入库贮藏待售或直接进入销售环节。此法成本较高,但运输途中温度稳定,贮运效果好。